Der funktelegraphische Wetter- und Zeitzeichendienst

Von

H. Thurn
Postrat im Telegraphentechnischen Reichsamt

Mit 15 Figuren im Text

Berlin W.
Verlag von M. Krayn
1923

Druck von Metzger & Wittig in Leipzig.

Inhaltsverzeichnis.

Literaturverzeichnis.

a) Wetterdienst.

Bericht über die internationale meteorologische Konferenz in Innsbruck im September 1905. Wien 1906.

P. Polis: Funkentelegraphie und Witterungskunde. I. Teil. Ergebnisse der funktelegraphischen Übermittlung von Witterungsnachrichten auf dem Atlantischen Ozean. Marine-Rundschau 1909 und Jahrbuch der drahtlosen Telegraphie und Telephonie. 1909. S. 529—535.

P. Polis: Funktelegraphie und Witterungskunde. II. Teil. Ergebnisse und Versuche zur Übermittlung von Witterungsbeobachtungen vom Atlantischen Ozean nach dem Festland im Jahre 1909. Jahrbuch der drahtlosen Telegraphie und Telephonie. 1910. S. 501—511.

Grossmann: Das Ergebnis der Versuche mit dem Bezuge von Wetter-Funktelegrammen vom Nordatlantischen Ozean. Der erste Versuch Februar bis April 1909; der zweite Versuch im August und September 1909. Annalen der Hydrographie und maritimen Meteorologie 1909.

R. Benkendorff: Die Ziele des internationalen und des deutschen Wetternachrichtendienstes. Annalen der Hydrographie und maritimen Meteorologie. Dezember 1921.

R. Benkendorff: Die Entwickelung des innerdeutschen Wetternachrichtenverkehrs nach dem Kriege. Annalen der Hydrographie und maritimen Meteorologie. März 1922.

R. Benkendorff: Neuerungen im deutschen drahtlosen Wetternachrichtendienst. Annalen der Hydrographie und maritimen Meteorologie. August 1922.

P. Scheveschewsky: Météorologie et Télégraphie sans Fil. La Nature. Januar 1921.

Deutsche Seewarte: „Funkwetter“, Liste und Schlüssel der Wetterfunksprüche. Hamburg 1922, vierte Auflage.

Meteorological Office London: The Wireless weather manual. London 1922.

b) Zeitzeichendienst.

Von deutschen Arbeiten seien folgende erwähnt:

Veröffentlichung des Kgl. Preuß. geodät. Instituts Nr. 31: Bestimmung der Längendifferenz Potsdam—Brocken im Jahre 1906. Versuche über die Anwendung der drahtlosen Telegraphie bei Längenbestimmungen, Berlin 1907.

Kohlschütter, Die internationale Zeitkonferenz zu Paris vom 15. Oktober bis 23. Oktober 1912. In Annalen der Hydrographie usw. Bd. 40, Heft XII.

Schorr und Dolberg, „Über eine Kontakteinrichtung zur Abgabe der internationalen funkentelegraphischen Zeitsignale." In der Zeitschrift für Instrumentenkunde, 33. Jahrg., S. 141—145.

Wanach, „Ein neuer Signalgeber für die internationalen funkentelegraphischen Zeitsignale", in der Zeitschrift für Instrumentenkunde, 39. Jahrg., S. 27—30.

Neumann: Zeitzeichen der Großfunkstelle Nauen. In Telefunken-Zeitung, September 1920.

Mahnkopf, „Die Auslösung der funkentelegraphischen Nauener Zeitsignale durch die Deutsche Seewarte." Im Archiv der Deutschen Seewarte. 39. Jahrg., 1921, Hamburg.

Marineleitung: Nautischer Funkdienst, Berlin 1922.

Deutsche Seewarte: „Funkwetter", 4. Aufl., Hamburg 1922.

Ein sehr gutes Literaturverzeichnis über das Funkzeitzeichenwesen ist enthalten in den einzelnen Bänden des „Astronomischen Jahresberichts", begründet von Walter F. Wislicenus, Berlin. Verlag Georg Reimer. Und zwar finden sich die Namen der Werke nebst Inhaltsangabe jedes Jahr in dem Abschnitt „Uhren, Chronographen, Zeitdienst und Zeitübertragung."

An Arbeiten französischer Autoren seien erwähnt:

Lecointe, La Conférence Internationale de l'Heure de Paris et l'Unification de l'Heure. In La Vie internationale, 1912, S. 43—60.

Bureau des Longitudes. Réception des signaux radiotélégraphiques transmis par la tour Eiffel. — Paris, Gauthier-Villars, 1912. — Dasselbe, 2. édition, revue et augmentec, 1913.

Détails complets concernant les signaux horaires, scientifiques, météorologique, etc., régulièrement émis par les quatre grands postes de télégraphie sans fil français (Tour Eiffel, Lyon, Croix-d'Hins, Nantes) in L'onde électrique, No. 3, 1922.

Eine Anzahl weiterer französischer Arbeiten findet sich in der Zeitschrift „Comptes rendus hebdomadaires des séances de l'Académie des sciences (Paris)".

Vorwort.

Die Funktelegraphie dient heute nicht nur zur Nachrichtenübermittlung, d. h. zum Telegrammverkehr, sondern auch zur Verbreitung allgemeiner Nachrichten, von Zeitungsberichten usw., und ist besonders in der wissenschaftlichen Welt, namentlich in der Witterungskunde und dem Zeitzeichendienst, Allgemeingut der Völker geworden. Schon vor dem Kriege hat eine internationale Zeitzeichenkonferenz getagt, deren Beschlüsse jedoch infolge Ausbruch des Weltkrieges nicht in Kraft getreten sind. Inzwischen haben sich die einzelnen Länder, fußend auf frühere Vorbesprechungen und neuere Konferenzen, den sachlichen Anforderungen angepaßt und systematische Arbeit geleistet; wir sehen wie die Länder aufeinander Rücksicht nehmend ihre heute ziemlich feststehenden Sendeprogramme nach Möglichkeit so eingerichtet haben, daß sie sich gegenseitig nicht nur nicht stören, sondern auch voneinander Nutzen ziehen. Wenn sich somit der funktelegraphische Wetter- und Zeitzeichendienst der Welt auch im allgemeinen ohne Reibung hat vollziehen können, so wird doch eine baldige allgemeine internationale Regelung allseitig als dringend notwendig bezeichnet.

Die vorliegende Arbeit schildert unter besonderer Berücksichtigung der Verhältnisse in Deutschland zusammenfassend den neuesten Stand des funktelegraphischen Wetter- und Zeitzeichendienstes. Sie ist entstanden aus den einzelnen Aufsätzen, die ich im Laufe der Zeit über diese Fragen in den verschiedenen Zeitschriften: Hansa, Deutsche Verkehrszeitung, Umschau, Annalen der Hydrographie und maritimen Meteorologie, Jahrbuch der drahtlosen Telegraphie und Telephonie u. a. m. veröffentlicht habe. Aus den Ausführungen dürfte hervorgehen, daß das Deutsche Reich hinsichtlich der Indienststellung der Funktelegraphie für die Zwecke der Wetterkunde und des Zeitzeichendienstes anderen Ländern gewiß nicht nachsteht.

Herrn Dr. Benkendorff und Dr. Mahnkopf von der Deutschen Seewarte möchte ich für liebenswürdige Durchsicht des Manuskripts und wertvolle Uuterstützung auch an dieser Stelle meinen verbindlichen Dank sagen.

Berlin-Friedenau, 1. September 1922.

Der Verfasser.

Einleitung.

Bereits in der Jugendzeit der drahtlosen Telegraphie hat man dieses Nachrichtenmittel dazu benutzt, um den praktischen Wetterdienst für die Seeschiffahrt nutzbar und eine genaue und augenblickliche Übermittlung des Zeitzeichens möglich zu machen.

Nur mit der Hilfe der Funktelegraphie war es dem Wetterdienst möglich, sein Beobachtungsmaterial möglichst schnell von den Fundorten zu erhalten und das Ergebnis seiner Arbeit: Wetterberichte, Sturmwarnungen und Wettervorhersagen den Empfängern mit möglichst großer Beschleunigung zu übermitteln. In Anbetracht des regen Interesses an den gegenseitigen Witterungsverhältnissen sind die Länder Europas und auch der übrigen Erdteile immer mehr dazu übergegangen, ihre Witterungsberichte funktelegraphisch „an Alle" zu senden. Die Berichte werden zu diesem Zweck nach einem international vereinbarten Schlüssel zusammengesetzt und in Form von Sammeltelegrammen verbreitet. Sie enthalten im allgemeinen den Luftdruck, die Temperatur, die Windrichtung nnd Stärke, die Bewölkung, den Witterungsverlauf und die barometrische Tendenz der in Betracht kommenden meteorologischen Stationen. Ebenso wie die meteorologischen Beobachtungen werden auch die aerologischen Beobachtungen, insbesondere die Windmessungen in der freien Atmosphäre, wie sie durch die Methode der Pilotballonvisierungen gewonnen werden, als Sammeltelegramme funktelegraphisch verbreitet. Diese Art der Verbreitung ist zweifellos die einfachste, schnellste und wirtschaftlichste, weil bei ihr durch ein einmaliges Senden von einer Zentralstelle aus beliebig viele, also alle hieran interessierten, mit Funkempfangsanlagen ausgerüsteten In- und Auslandsstellen diese Berichte gleichzeitig aufnehmen können.

Auch die Frage der Einführung eines allgemeinen Zeitzeichens, ein besonders für die Seeschiffahrt sehr wichtiges Hilfsmittel, konnte nur durch die Funktelegraphie gelöst werden.

In welcher Weise sich die Funktelegraphie im Laufe der Zeit dem Wetterdienst und Zeitzeichendienst nutzbar gemacht hat, soll im nachfolgenden unter besonderer Berücksichtigung der Verhältnisse in Deutschland eingehend dargestellt werden.

A. Funktelegraphie und Wetterdienst.

a) Funktelegraphische Übermittlung von Wettermeldungen von Schiffen auf See.

Da der Wetterdienst auf See nur mit Hilfe der hier allein herrschenden Funktelegraphie praktisch gelöst werden kann, darf es uns nicht wundern, wenn schon frühzeitig Versuche zur funktelegraphischen Übermittlung von Wetterbeobachtungen der auf See befindlichen Schiffe angeregt wurden, um hierdurch besonders den viel befahrenen nördlichen Atlantischen Ozean besser überwachen zu können und schnellere und bestimmtere Wettermeldungen zu ermöglichen.

Die englische Zeitung „Daily Telegraph" hat zuerst die drahtlose Telegraphie in den Dienst der meteorologischen Wissenschaft gestellt, indem sie im Jahre 1904 eine größere Zahl von mit Funkapparaten ausgerüsteten Dampfern veranlaßte, die auf der Fahrt angestellten meteorologischen Beobachtungen durch Funkspruch über Küstenfunkstellen an die Zeitung weiterzugeben. Hierdurch war die Zeitung schon damals in der Lage, Witterungsbeobachtungen vom Atlantischen Ozean und auch Witterungsankündigungen für das westliche Europa zu veröffentlichen.

Die ersten praktischen Versuche über die Verwendbarkeit der drahtlosen Telegraphie für die Witterungskunde haben die Amerikaner [1]) gemacht. Das Wetterbureau der Vereinigten Staaten in Washington erhielt mehrere Jahre von allen über den Atlantischen Ozean fahrenden Schiffen, welche mit Funkapparaten ausgerüstet waren, die Beobachtungen durch Vermittlung der Funkstellen an den kanadischen und amerikanischen Küsten. Da der Inhalt dieser meteorologischen Meldungen für das amerikanische Wetterbureau nur geringen Wert hatte, wurden sie bald wieder eingestellt.

Nachdem sich im September 1905 die Internationale Meteorologische Konferenz [2]) in Innsbruck mit der Frage der funktelegra-

1) Der Wetterdienst und die Meteorologie in den Vereinigten Staaten von Amerika und in Kanada, Studienreise. Berichte über Landwirtschaft. Herausgegeben im Reichsamt des Innern. Berlin 1908.

2) Polis: „Vorschläge bezüglich der Erweiterung des wettertelegraphischen Netzes auf die östlichen Teile des Atlantischen Ozeans." Bericht über die Intern. Meteorolog. Konferenz in Innsbruck im September 1905. Wien 1906.

phischen Übermittlung von Witterungsnachrichten auf dem Atlantischen Ozean befaßt hatte, wurden bereits im Jahre 1907 von dem Direktor des Meteorologischen Observatoriums in Aachen, Polis[1]), Versuche angestellt, mit Hilfe der drahtlosen Telegraphie Witterungsbeobachtungen dem Dampfer „Kaiserin Auguste Viktoria" vom Lande und von anderen Schiffen aus zu übermitteln, wobei in erster Linie festgestellt werden sollte, ob es mit Hilfe dieses Materials möglich sein würde, auf dem Ozean Wetterkarten zu entwerfen und auf Grund dieser sich über die Wetterlage selbst an Bord des Schiffes zu unterrichten. Die Versuche wurden im August 1908 an Bord desselben Dampfers mit Hilfe der Hamburg-Amerika-Linie und der Marconi-Gesellschaft in erweitertem Maße wieder aufgenommen. Auf Grund des einlaufenden Materials und mit Hilfe der an Bord des Dampfers selbst angestellten meteorologischen Beobachtungen konnten täglich Wetterkarten für Teile des Atlantischen Ozeans entworfen werden. Es waren dies die ersten auf Grund von täglich einlaufendem telegraphischen Material an Bord eines Schiffes entworfene Wetterkarten. Nach Polis (Marine-Rundschau, Januar 1909, S. 10) läßt sich der Erfolg dieser Versuche folgendermaßen zusammenfassen:

1. Es ist möglich, auf eine Entfernung von 600—700 km von den Kanalküsten entfernt Wettertelegramme ohne Verstümmelungen zu den Funkstationen zu befördern;

2. die Laufzeit der Funktelegramme von Schiffen über eine Funkstation nach Deutschland ist eine verhältnismäßig geringe (2—3 Stunden) und sie wird noch geringer werden, wenn eine internationale Vereinbarung die Beschleunigung derartiger Telegramme auf dem Lande herbeiführt;

3. der Versuch, Telegramme durch andere Schiffe nach dem Lande zu befördern, hat in bezug auf die Übertragung der Beobachtungen (Richtigkeit in der Übertragung der Ziffern) gute Resultate gezeitigt, in denen keine Verstümmelungen vorkamen. In bezug auf die Zeitdauer bleibt jedoch noch manches zu wünschen übrig, aber immerhin war es möglich, ein Telegramm auf einer Entfernung von 1800 km auf dem Ozean von den Kanalküsten etwa 24 Stunden nach Aachen zu befördern;

4. es konnten täglich Wetterkarten auf See selbst entworfen werden.

Die verhältnismäßig guten Erfolge dieser Vorversuche gaben auf der am 1. Oktober 1908 zu Hamburg stattgefundenen Sitzung des Reichskurators für den Wetterdienst, an der Vertreter des Reichsamts des Innern, vom Reichspostamt und Reichs-Marine-Amt teilnahmen, dazu Anlaß, der Frage näherzutreten, ob die durch drahtlose Tele-

---

1) Polis: „Funktelegraphische Übermittlung von Witterungsnachrichten auf dem Atlantischen Ozean" in Marine-Rundschau, Januar 1909.

graphie vom Ozean übermittelten Witterungsbeobachtungen für die ausübende Witterungskunde in Europa mit Erfolg verwendet werden könnten. Es wurde der Beschluß gefaßt, zu diesem Zwecke dreimonatige Versuche gemeinsam mit der englischen Regierung zu unternehmen. Als erste Versuchszeit[1]) wurden die Monate Februar-März-April im Jahre 1909 gewählt. Daran beteiligten sich 56 mit Funkapparaten ausgerüstete Dampfer englischer Linien sowie 14 Dampfer der Hamburg-Amerika-Linie und des Norddeutschen Lloyd; diese gaben ihre Beobachtungen von 7 Uhr vorm. und 6 Uhr abends nach Greenwicher Zeit funktelegraphisch an die Funkstellen der Kanalküsten (Crookhaven, Malin Head und Lizard) ab. Von den Küstenfunkstellen wurden diese chiffrierten Nachrichten unmittelbar an das Meteorologic Office in London und die Deutsche Seewarte in Hamburg weitergegeben. Die Telegramme enthielten Positionen des Schiffes, Zeit der Beobachtung, Barometerstand, Windrichtung und -stärke, ferner auf den deutschen Schiffen den Tag der Beobachtung sowie Angabe über Bewölkung und Niederschlag. Das Ergebnis dieser Versuche[2]) läßt sich kurz dahin zusammenfassen, daß

1. Verstümmelungen der Zifferngruppen der Telegramme im ganzen nicht häufiger als auf gewöhnlichen Überlandtelegrammen vorkamen,
2. daß die Barometerstände vielfach erheblich fehlerhaft waren,
3. daß in den Zifferngruppen sowohl der Name des Dampfers sowie das Datum der Beobachtung enthalten sein müssen,
4. daß die Telegramme zu spät eingingen, um für den Wetterdienst brauchbar zu sein.

Die späte Zustellung der Telegramme war zum großen Teil darauf zurückzuführen, daß die an schnell auswärts eilende Dampfer zur Weiterbeförderung abgegebenen Wetterfunktelegramme von diesen in wachsender Menge auf dem ostwärts gerichteten Kurs aufgespeichert und dann bei Erreichung der Verbindung mit einer Küstenfunkstelle in großer Zahl abgegeben wurden, so daß bei der gleichzeitigen Annäherung mehrerer heimkehrender Dampfer bis zu 50 Telegramme in kurzer Zeit nacheinander nach Hamburg weitergegeben werden mußten; auf solche Weise mußte sich eine gewisse Verspätung für die Beobachtungen aus der Nähe der Britischen Inseln ergeben, da eine Sich-

---

1) „Versuch mit Wetter-Funktelegrammen vom Nordatlantischen Ozean" in Annalen der Hydrographie usw., 1909, Heft II, S. 49 ff.

2) Polis „Funktelegraphie und Witterungskunde" (II). Im Jahrbuch der drahtlosen Telegraphie und Telephonie 1910, S. 501 ff. Ferner: Das Ergebnis der Versuche mit dem Bezuge von Wetterfunktelegrammen vom Nordatlantischen Ozean, in Annalen der Hydrographie 1909, Heft 1, S. 481 ff.

tung der Telegramme nach der Zeit der Beobachtung nicht vorgeschrieben war und auch schwer durchzuführen gewesen wäre.

Unter Berücksichtigung dieses Umstandes, der das Ergebnis dieses Versuchs stark beeinträchtigt hatte, ergab sich das Verlangen nach einer Wiederholung des Versuchs unter möglichst günstigen Bedingungen für eine schnelle Zustellung der Funktelegramme, um ein abschließendes Urteil über die Verwendbarkeit der Wetterfunktelegramme von hoher See zu gewinnen. Für die Fortsetzung der Versuche wurden die Monate August und September ausgesucht, da in diesen erfahrungsgemäß der größte Dampferverkehr auf dem Ozean herrscht und daher auf die schnellste Beförderung der teilweise von Schiff zu Schiff weiterzugebenden Telegramme an Land gerechnet werden konnte. Das Beobachtungsgebiet wurde auf den Teil des Ozeans von 10—30° wL. beschränkt, da es sich gezeigt hatte, daß die Beobachtungen von Orten westlich des 30° bedeutend längere Zeit unterwegs waren als 48 Stunden und somit für praktische Zwecke wertlos waren.

Hinsichtlich des Eintreffens der in den genannten beiden Monaten übermittelten 900 Funkwettermeldungen konnten gegen die ersten Versuchsperioden erhebliche Fortschritte verzeichnet werden. Fast ausnahmlos trafen die Beobachtungen von dem in Frage kommenden Gebiet innerhalb 48 Stunden nach Anstellen der Beobachtung ein. Nur die Telegramme von den nördlicher gelegenen Schiffahrtsstraßen gingen weniger pünktlich ein; dies führt Polis darauf zurück, daß auf diesen Linien der Verkehr weniger rege ist. Indessen sind gerade Beobachtungen von diesem Teil des Ozeans für die ausübende Witterungskunde von größerem Werte, weil sie dem barometrischen Zustrome näherliegen. Prof. Dr. Großmann[1]) von der Deutschen Seewarte stellte fest, daß auch während der letztgenannten Monate keine Wettervorhersage in Hamburg durch ein Wettertelegramm in nennenswerter Weise beeinflußt worden sei, und daß bei den damaligen Leistungen der Abgabe von Funktelegrammen seitens der Schiffe der Handelsmarine eine Verwertung von Morgenbeobachtungen für die deutsche Vorhersage nicht möglich sei, da die Telegramme zu spät eingehen. Dagegen lag schon damals die Möglichkeit vor, aus der durch Wetterfunktelegramm zu erreichenden Erweiterung der Luftdruckkarte vom vorhergehenden Abend Vorteil für die Wettervorhersage zu gewinnen.

---

1) Annalen der Hydrographie usw. 1909, Heft 11, S. 488.

Nach den Ausführungen von Polis[1]) lassen sich die Ergebnisse beider Versuchsreihen in folgende Punkte zusammenfassen:

1. Die Übermittlung der Beobachtungen vom Ozean durch drahtlose Telegraphie bei Anwendung eines Ziffernkodes erwies sich im allgemeinen als zuverlässig.

2. Die Beobachtungen von demselben Morgen kamen bis zu etwa 300 km von der englischen Küste entfernt noch so rechtzeitig an (bis 11 Uhr morgens), daß sie für den Wetterdienst benutzt werden konnten; die Beobachtungen vom vorhergehenden Abend lagen gewöhnlich in größerer Zahl bis zu dieser Zeit vor, und zwar mitunter aus Entfernungen bis zum 28° W-Lg. (1200 km).

3. Die Abendwetterkarte ist für den Wetterdienst, wenn sie auf die östlichen Teile des Atlantischen Ozeans ausgedehnt wird, von großem Wert: es ist daher anzustreben, daß bei Erweiterung des wettertelegraphischen Netzes auf dem Ozean stets eine genaue Wetterkarte vom vorhergehenden Abend für den Wetterdienst vorliegt.

4. Für die Ausdehnung der Wetterkarten nach Westen genügt das Gebiet des Ozeans bis zum 30° W-Lg.

5. Im allgemeinen laufen während der Sommerzeit, des regeren Schiffsverkehrs wegen, mehr Nachrichten ein und diese kommen auch pünktlicher an; indessen sind in der Winterzeit, wo die Tiefdruckgebiete schneller vom Ozean nach Europa heranrücken, die funktelegraphischen Nachrichten weit wertvoller als in der Sommerzeit.

6. In mehreren Fällen konnten durch Erweiterung der Wetterkarten auf dem Atlantischen Ozean die Vorhersagen verbessert werden, auch war es durch Ergänzung der Wetterkarten nach Westen mit Hilfe der Funktelegramme stets möglich, die Wetterlage besser zu übersehen.

Mit Rücksicht auf die erheblichen Kosten — neben den Kosten für die funktelegraphische Übermittlung der Meldungen kommen noch die Kosten für die Ausrüstung der Schiffe mit Quecksilberbarometern hinzu — kam man damals zu dem Entschluß, die dauernde Einbeziehung der Funktelegraphie für den Bezug von Wettermeldungen vom Nordatlantischen Ozean erst dann zu befürworten, wenn die Bordfunkstellen eine größere Reichweite hätten, so daß sich das Beobachtungsgebiet unbeschadet der Schnelligkeit in der Übermittlung der Meldungen erheblich erweitern ließe. Diese Versuche sind in der Folgezeit bis zum Ausbruch des Krieges leider nicht wiederholt worden, obwohl inzwischen die Reichweiten der Bordfunkstellen auf unseren größeren Dampfern so gesteigert worden war, daß etwa schon seit 1912 die Möglichkeit einer unmittelbaren funktelegraphischen Übermittlung an eine deutsche Küstenfunkstelle von jedem Punkt des nördlichen Atlantiks aus bestand. Es darf hier bemerkt werden, daß seit

1) Jahrbuch 1910, S. 511.

Anfang 1922 der deutsche Dampfer „Cap Polonio" auf seinen Reisen nach Südamerika sich u. a. eines Röhrensenders zum Verkehr auf weite Entfernungen mit der Heimat bedient und mit diesem ungedämpften Sender z. B. unmittelbar mit der Hauptfunkstelle Norddeich bis auf 4500 km (Kanarische Inseln) wechselseitig verkehrt. Da auch Neubauten anderer Reedereien demnächst mit solchen weitreichenden ungedämpften Sendern ausgerüstet werden sollen, hat die deutsche Seewarte damals Verhandlungen eingeleitet, die eine Mitarbeit deutscherseits, das Absetzen von Wetterbeobachtungen deutscher Dampfer vom Atlantik unmittelbar an eine deutsche Küstenfunkstelle (Norddeich) zum Ziele haben. Heute senden englische und norwegische Dampfer Wettermeldungen regelmäßig bis zu 40° westl. Länge, rd. 2000 km bis zur nächsten europäischen Küstenfunkstelle. Diese Meldungen, durchschnittlich 4—5 am Tage, werden mit den amtlichen Wettersammelmeldungen aus England und Norwegen durch die Funkstelle London Air Ministry bzw. Kristiana an „Alle" verbreitet und somit dem gesamten europäischen Wetterbericht oft schon 1—2 Stunden, im Durchschnitt 6—7 Stunden, nach der Beobachtung zugänglich gemacht.

Nach einer Bekanntmachung der englischen Admiralität im Jahre 1919 über die Lieferung von meteorologischen Beobachtungen von Schiffen auf See will der englische Wetterdienst eine einheitliche Organisation schaffen, die es ermöglicht, allen Schiffen (auch Luftfahrzeugen), wo auch immer sie sich befinden, ununterbrochen zuverlässige Wetterberichte funktelegraphisch zu übermitteln. Die Schiffe sollen bestrebt sein, ihre Beobachtungen, ohne die den Wetterdienststellen eine zuverlässige Wettervorhersage nicht möglich ist, so schnell als möglich funktelegraphisch der Küstenfunkstelle zu übermitteln, die diese Meldung sofort an das meteorologische Zentralbureau weiterzugeben hätte. Bevor ein internationales Abkommen über die Form dieser Wetterberichte und die Zeiten der Übermittlung geschlossen ist, schlägt die englische Wetterdienstzentrale folgende Regelung vor:

1. Bestimmte Schiffe werden aufgefordert, regelmäßig am Tage dreimal Aufzeichnungen zu liefern, und zwar wenn sie sich in einer gewissen Entfernung von irgendeinem der acht „Beobachtungspunkte" im nordöstlichen Teil des Atlantischen Ozeans befinden.

2. Außer den regelmäßigen Beobachtungen, die um 0100, 0700, 1300 Greenwicher Zeit gemacht und sobald als möglich nach den Küstenfunkstellen Malin Head (gmh) oder Valentia (gck) gesandt werden, sollen diese Schiffe, auf besonderes Verlangen von einer dieser Küstenfunkstellen, zu anderen Zeiten Sonderberichte schicken.

3. Das Schiff verfährt bei Abgabe eines Aufzeichnungsberichts folgendermaßen:

Das Schiff sendet zunächst an „alle Schiffe“ (cq) das Wort „Wetter“, dann die Nummer, die den Beobachtungspunkt anzeigt, in dessen Nähe es sich zur Zeit befindet. Dieser warnende Anruf dient dazu, alle in Reichweite befindlichen Schiffe darauf aufmerksam zu machen, daß eine Bordfunkstelle im Begriff ist, einen Bericht zu senden, und daß die anderen Funkstellen nicht störend einwirken sollen. Gleichzeitig werden hierdurch alle anderen Schiffe, die Wetteraufzeichnungen liefern, und die sich in der Nähe des Beobachtungspunktes befinden, darauf aufmerksam gemacht, daß das Schiff einen Wetterbericht abgeben wird, und daß es deshalb für die anderen unnötig ist, gleichfalls einen Bericht zu senden. Einige Minuten, nachdem das Schiff die Warnung abgegeben hat, soll die Übermittlung beginnen. Der normale „Aufzeichnungsbericht“ besteht aus vier Gruppen von je fünf Buchstaben; die Sonderaufzeichnungsberichte bestehen aus zwei Gruppen von je fünf Buchstaben. Alle enthalten das eine Wort „Wetter“ als Adresse und schließen mit einer „Anfangszeit“ von vier Buchstaben. Der Bericht wird je nach der Lage des Beobachtungspunktes für Malin Head oder Valentia gegeben.

4. Da einige der Beobachtungspunkte so weit auf See hinausliegen, werden die Küstenfunkstellen, obgleich sie mit besonders empfindlichen Empfangsapparaten ausgerüstet sind, unter Umständen nicht imstande sein, den Funkspruch herauszuhören, wenn nicht alle Schiffe sich ruhig verhalten. Besonders müssen die Schiffe in der Nähe der beiden Küstenfunkstellen auf die Anordnungen dieser Funkstellen aufpassen. Man hofft, daß es bei guter Funkdisziplin unnötig sein wird, internationale Ruhepausen, „silent periods“, abzumachen, um die Küstenfunkstellen zu störungsfreier Aufnahme der aus weiter Ferne kommenden Aufzeichnungsberichte zu befähigen.

5. Die Küstenstationen senden diese Aufzeichnungsberichte sofort drahtlos nach London, so daß diese für den übrigen funktelegraphischen Küstenverkehr für einige Zeit ausfallen werden.

b) Verbreitung von Wettermeldungen durch Küstenfunkstellen vor dem Kriege.

In den einzelnen Staaten dienten schon vor dem Weltkriege verschiedene Küstenfunkstellen außer dem allgemeinen öffentlichen Verkehr noch besonderen, hauptsächlich nautischen Zwecken.

Für die Nordsee bestand bereits seit 1910 in Norddeich ein öffentlicher funktelegraphischer Wetterdienst (vgl. „Nachrichten für Seefahrer“, Ausgabe 45 vom 29. Oktober 1910). Als Material hierfür erhielt Norddeich von der Deutschen Seewarte täglich ein Wettertelegramm, dessen Länge etwa 25 Textworte umfaßte; außerdem erhielt Norddeich bei eintretender Sturmgefahr von der Seewarte Sturmwarnungstelegramme, deren Text etwa 15 Wörter enthielt. Für die Ostsee fand damals eine regelmäßige funktelegraphische Verbreitung von Wetternachrichten noch nicht statt; die Deutsche Seewarte übermittelte nur Sturmwarnungen an die Funkstelle Bülk für die deutsche Ostseeküste oder deren westlichen Teil.

Nach Artikel XLV § 1 der Ausführungsübereinkunft zum Internationalen Funktelegraphenvertrage (London 1912) mußten vom 1. Juli 1913, dem Tage des Inkrafttretens ab, alle dem öffentlichen Verkehr dienenden Küstenfunkstellen seitens der Verwaltungen telegraphisch mit denjenigen meteorologischen Telegrammen versehen werden, welche die den Bereich dieser Stationen interessierenden Angaben enthalten. Diese Telegramme, die nicht mehr als 20 Wörter enthalten sollen, werden seit dem genannten Zeitpunkt den Schiffen auf Ersuchen gegen Erstattung der Gebühren durch die öffentlichen Küstenfunkstellen funktelegraphisch übermittelt. Hierbei kamen nach den „Nachrichten für Seefahrer“, Ausgabe 1 vom 3. Januar 1914, für Deutschland folgende Stellen in Betracht, die ihrer Lage nach in drei Gruppen eingeteilt sind:

1. Danzig für den östlichen Teil der Ostseeküste;
2. Swinemünde und Bülk für den westlichen Teil der Ostseeküste;
3. Cuxhaven, Helgoland, Norddeich und Borkum Neuer Leuchtturm für die Nordseeküste.

Für jeden dieser drei Bezirke stellte die Deutsche Seewarte in Hamburg täglich um 11 Uhr vormittags auf Grund der Morgenbeobachtungen einen besonderen, aus durchschnittlich etwa 15 Worten bestehenden Wetterbericht auf, der den genannten Küstenfunkstellen mit den etwaigen Sturmwarnungstelegrammen telegraphisch zugesandt wurde. Aus diesen Telegrammen konnten die Küstenstationen ersehen, ob für ihren Bezirk eine Sturmwarnung noch gilt, da die Sturmwarnungssignale im allgemeinen bis zum Abend des auf den Ausgabetag folgenden Tages hängen bleiben mußten. Galt eine Sturmwarnung zur Zeit der Anfrage noch, so fügte die Küstenstation dem Wetterbericht die Zeit der Ausgabe der Sturmwarnung und die Bezeichnung des

Signals selbst, u. U. mit erläuternden Zusätzen hinzu. Mit der Sturmwarnung zählte das Auskunftstelegramm im allgemeinen nicht mehr als 20 Worte. Die Gebühren dieser Wetterauskunftstelegramme betrugen 15 Pf. für das Wort, ohne Mindestgebühr; sie wurden durch die gebende Küstenstation der Bordstation in Schuld gestellt; die Einziehung der Gebühren von den Bordstationen erfolgte in gleicher Weise wie für gewöhnliche Funktelegramme.

Die regelmäßige unentgeltliche Verbreitung funktelegraphischer Wetterberichte und Sturmwarnungen durch die Küstenfunkstelle Norddeich geschah vor dem Kriege folgendermaßen:

1. Im Anschluß an das Zeitzeichen um 1 Uhr mittags mitteleuropäischer Zeit wurde täglich mit der 1650 m-Welle ein Wetterbericht von Norddeich langsam funktelegraphisch abgegeben; er enthielt in durchschnittlich 25 Worten eine Übersicht über die am Morgen um 8 Uhr über Europa beobachtete Luftdruckverteilung, Angaben über die Windverhältnisse der Nord- und Ostsee und eine besonders, die zu erwartenden Winde betreffende Wettervorhersage.

2. Erläßt die Seewarte eine die deutsche Nordseeküste einschließende Sturmwarnung oder erscheinen in besonderen Fällen andere Teile der Nordsee in Gefahr, so sendet die Deutsche Seewarte eine besondere Sturmwarnung an Norddeich, welche diese Warnung sofort funktelegraphisch abgibt, und zwar dreimal hintereinander. Alle diese Telegramme werden außerdem, falls sie vor 1 Uhr mittags in Norddeich eintreffen, im Anschluß an den Wetterbericht nochmals als Wiederholung einmal funktelegraphisch abgegeben; die später als 1 Uhr mittags in Norddeich einlaufenden Sturmwarnungen werden jedoch erst abends 11 Uhr nochmals, und zwar ebenfalls nur einmal, wiederholt.

Sturmwarnungen, die allein für die deutsche Ostseeküste oder deren westlichen Teil bestimmt sind, wurden in derselben Weise von der Funkstelle Bülk vorbereitet.

Die Sturmwarnungen bezeichneten in durchschnittlich 15 Worten die Ursache der Gefahr, die zu erwartenden Winde und das abzugebende Sturmsignal. Wetterberichte und Sturmwarnungen enthalten keine Unterschrift.

Die mit Bordfunkstellen ausgerüsteten Schiffe waren vom Reichsmarineamt ersucht worden, die Sturmwarnungen den übrigen Schiffen durch Sturmsignale bekanntzugeben. Als solche dienten am Tage die an der deutschen Küste benutzten Signalkörper, der schwarze Ball und ein oder zwei schwarze Kegel in Übereinstimmung mit der Signalweise der Sturmwarnungsstellen der Deutschen Seewarte. Während der Dunkelheit werden die Sturmwarnungen mittels Mastlaterne oder zweier Handlaternen angezeigt. Außerdem machte der Fischereikreuzer „Zieten“

nachts die Sturmwarnungen unter Benutzung eines Scheinwerfers bekannt. (Vgl. Seefischerei-Almanach für 1909, S. 536/538.) In ähnlicher Weise wurden seit dem Oktober 1913 von Helgoland aus Nachtsturmsignale mit einem Scheinwerfer gegeben. (Vgl. Nachrichten für Seefahrer vom 4. Oktober 1913, S. 844ff. und vom 3. Januar 1914, S. 26ff.)

Auch die „Internationale Konferenz für die Sicherheit der Seeschiffahrt"[1]) (London, 12. November 1913 bis 20. Januar 1914) hat zu der Frage der Seewettertelegramme Stellung genommen. In einem Zusatzabkommen (Reglement zur Sicherheit der Seeschiffahrt) ist ein besonderer Schlüssel zur funktelegraphischen Übermittlung von Eis-, Wrack- und Wetternachrichten angegeben. Über die funktelegraphische Abgabe meteorologischer Meldungen, deren Absendung ins freie Ermessen jeder Bordfunkstelle gestellt ist, bestimmt der zweite Teil dieses Reglements, daß Wettermeldungen in vier Gruppen zu je fünf Ziffern gegeben werden sollen, denen das Wort „Weather" voranzustellen ist. Außer dem Datum der Absendung der Meldung und des Schiffsorts der Beobachtungsstelle sollen diese meteorologischen Meldungen enthalten:

1. Richtung und Stärke des Windes,
2. Richtung und Geschwindigkeit des Stromes,
3. Wetter, d. h. Zustand der meteorologischen Verhältnisse zu einer bestimmmten Stunde.
4. Stand des Barometers und der Lufttemperatur,
5. Barometrische Tendenz und Wassertemperatur an der Meeresoberfläche.

Außerdem wurde im Schlußprotokoll in bezug auf Funktelegraphie unter Punkt 13 und 14 festgelegt, daß sich die Regierungen der vertragschließenden Staaten bei der internationalen Kommission mit dem nötigen Eifer dafür einsetzen sollten, daß diese die Vermehrung der Zahl der Stationen, die die meteorologischen Nachrichten an die Schiffe in See übermitteln können, ins Auge faßt; diesen Stationen sollte eine möglichst günstige Lage gegeben werden. Auch auf baldige Durchführung eines funktelegraphischen meteorologischen Dienstes, der den Vorschriften des Artikels XLV der Ausführungsübereinkunft zum Londoner Funkentelegraphenvertrag entspricht, sollte ebenso hingewirkt werden, wie auf baldige Einrichtung von Empfangsanlagen zur Auf-

1) Das Ergebnis dieser „Titanic"-Konferenz ist der „Internationale Vertrag zum Schutz des menschlichen Lebens auf See", der in Beilage 62 zum Deutschen Reichsanzeiger und Königlich Preußischen Staatsanzeiger vom 13. März 1914 abgedruckt ist.

nahme der Zeit- und meteorologischen Signale auf große Reisen machenden Segel- und Dampfschiffen.

Erwähnt sei noch, daß der „Titanic"-Vertrag, der spätestens bis zum 31. Dezember 1914 ratifiziert werden mußte, zum 1. Juli 1915 in Kraft treten sollte, infolge Kriegsausbruchs aber bisher nicht in Kraft getreten ist.

Ebenso wie Norddeich hatten inzwischen auch andere Großfunkstellen, insbesondere die Großstationen Poldhu und Carnarvon, die Abgabe von allgemeinen Wetterberichten für größere Gebiete in ihr Arbeitsbereich aufgenommen. Ferner gab die Eiffelturmstation ein ausführliches Wettertelegramm mit barometrischem Stand, Wind und Temperaturangabe zahlreicher französischer Stationen. Auch Madrid funkte einen Wetterbericht, der außer einem solchen auch Vorhersagen für die klimatischen Untergebiete des östlichen Atlantischen Ozeans und des westlichen Mittelmeers in verzifferter Form enthielt. Allen Wetterberichten wurden nach Bedarf Sturmwarnungen angeschlossen. Art, Inhalt, Wellenlänge und Zeit der Funkwettermeldungen wurden von den einzelnen Stationen bisher selbständig festgesetzt; eine internationale Regelung ist noch nicht erfolgt.

Im Weltkriege wurde der öffentliche Funkwetterdienst der Großfunkstellen von den kriegführenden Mächten eingestellt; von den neutralen Staaten hat nur die holländische Küstenfunkstelle Scheveningen den Wetterdienst in anerkennenswerter Weise weitergegeben.

c) Regelung des funktelegraphischen Wetterdienstes in Deutschland nach dem Kriege.

Der Bestand unserer Handelsflotte ist durch den Friedensvertrag auf einen kleinen Rest herabgedrückt worden. Um so wertvoller ist jedes uns noch verbliebene oder mit vielen Kosten neugebaute Schiff, und zu seiner Erhaltung sollte alles, was in unseren Kräften steht, getan werden. Hierzu bietet uns u. a. der Funkwetterdienst und das Sturmwarnungswesen die Handhabe. Auch die Seefischerei hat für die Volksernährung Deutschlands im Vergleich zur Vorkriegszeit eine erhöhte Bedeutung gewonnen. Der Schutz der Fischereifahrzeuge und ihrer wertvollen Geräte, im besonderen der Netze, die bei unvorhergesehenen, plötzlich hereinbrechenden Stürmen häufig verloren gehen, ist mehr als früher zur Notwendigkeit geworden. Hierfür ist ein gut arbeitender Wetterdienst und ein möglichst zuverlässiges Sturmwarnungssystem das erfolgversprechendste Mittel. Wenn man bedenkt, welche Summen unseren durch Krieg und Friedensvertrag sowieso schon arg zusammengeschmolzenen Nationalvermögen erspart werden können, wenn durch den Wetterdienst der Verlust auch nur eines Frachtdampfers mit Ladung und einiger Fischdampfer jährlich vermieden wird, so ergibt sich schon hieraus die Notwendigkeit, den Wetterdienst der Seewarte trotz der ungünstigen Finanzlage des Reiches weiterbestehen zu lassen. Die Ausgabe, die dieser Seewetterdienst (Hansa, Nr. 29, 1919) jährlich erfordern würde, wird durch die Erhaltung von Werten, die das Vielfache dieser Summe betragen, für das Volksganze mehr als wettgemacht. So haben z. B. die amerikanischen Versicherungsgesellschaften auf Grund ihrer ausführlichen Statistiken den jährlichen Nutzen des amerikanischen Wetterdienstes durch Verhinderung von Schadenfällen auf über 20 Millionen Dollar berechnet. Da der amerikanische Wetterdienst etwas über 1 Million Dollar kostet, so beträgt dort der Nutzen den zwanzigfachen Betrag der aufgewendeten Kosten. Wenn sich vielleicht in Deutschland nicht ein derartig günstiger Betriebsfaktor erzielen lassen wird, so steht doch außer Zweifel, daß sich die Kosten des Seewetterdienstes mit dem Vielfachen bezahlt machen werden. Aus diesem Grunde hat die Admiralität sich für die Erhaltung des Wetterdienstes in der wirksamen Gestalt, die er während des Krieges angenommen hat, eingesetzt.

Während der vor dem Kriege vorhandene internationale Wetterdienst auf Drahtübermittlung aufgebaut war, zeigten schon die damals von der Deutschen Seewarte Hamburg angestellten Versuche, daß gerade für diese überaus wertvollen Nachrichten die Funktelegraphie das gegebene Nachrichtenmittel sei. Demgemäß ergab sich auch sofort nach dem Kriege die Verwendung der Funktelegraphie zur Abgabe solcher Sammeltelegramme wieder, in etwa dem gleichen Umfange wie 1914. Seit Mai 1919 gab zunächst die Hauptfunkstelle Nauen auf Anfordern von britischer Seite in der damaligen Waffenstillstandskommission zwecks Aufnahme in England und Frankreich zweimal täglich ein Sammeltelegramm deutscher Beobachtungen, das von der Deutschen Seewarte in Hamburg aufgestellt wird, mit der 130 MK-Hochfrequenzmaschine ungedämpft auf Welle 4700 m in der Zeit von 10 bis 10,15 Uhr vormittags und 8,40 bis 8,55 Uhr nachmittags. Seit dem 16. März 1922 werden diese Sammeltelegramme deutscher Beobachtungen durch die Hauptfunkstelle Königswusterhausen[1]) mit dem 10/5 kW-Röhrensender ungedämpft auf Welle 5250 m zunächst

1) Königswusterhausen wird in den wichtigsten Empfangsstellen Europas gut gehört, wie die verschiedenen Zuschriften, z. B. aus dem Balkan und Island an die Deutsche Seewarte beweisen.

zu denselben Zeiten und seit dem 1. Juli 1922 täglich um 9,40 vormittags, 4,50 nachmittags und 8,40 nachmittags verbreitet.

Über die Entwicklung des innerdeutschen Wetternachrichtendienstes nach dem Kriege berichtet Benkendorff[1]) u. a. folgendes: „Schon die ersten Monate nach dem Waffenstillstand zeigten in erschreckendem Maße die Rückwirkungen des Krieges und seines Ausklanges auf die Telegraphie. Während vor dem Kriege das gesamte deutsche Beobachtungsmaterial etwa eine Stunde nach der Beobachtung zur Weiterverbreitung vorlag, erreichten Ende 1918 und 1919 die Telegramme märchenhaft anmutende Laufzeiten, die eine geregelte Abfertigung der Obs-Sammeltelegramme in Gefahr brachten. Die Wetterkarten jener Zeit legen ein nur zu sinnfälliges Zeugnis dafür ab. Dauernde Vorstellungen bei den Telegraphenbehörden und deren Bemühungen hatten nur geringen Erfolg. Eine Besserung schien nur durch Benutzung der drahtlosen Telegraphie, die während des Krieges eine so außerordentliche Fortentwicklung erfahren hatte, möglich. Von seiten der Deutschen Seewarte waren die Vorbedingungen für die Benutzung der Funktelegraphie durch die bereits im Januar 1919 erfolgte Übernahme einer größeren drahtlosen Empfangsanlage geschaffen.

Im Januar 1920 gelang es, die Beobachtungen von Borkum und Swinemünde durch die dortigen Marinefunkstellen verbreiten zu lassen. Kurz danach übernahmen Heeresstationen die Übermittlungen der Beobachtungen von Breslau und Königsberg. Gestatteten die beschränkten Mittel nur das Senden eines Teils der Terminbeobachtungen, so war doch für diese eine schnelle Übermittlung gewährleistet. Wenn sich auch in der ersten Hälfte des Jahres 1920 eine langsame Besserung in der Telegraphie bemerkbar machte, so genügten doch die Übermittlungszeiten noch keineswegs den Anforderungen des Wetterdienstes. In diese Zeit fällt der Ausbau eines postalischen Reichsfunknetzes, das eine Entlastung der Drahtverbindungen und Beschleunigung der Telegramme zum Ziele hatte.“ Diese neuen Postfunkstellen wurden nun, wie wir später noch näher sehen werden, auch zur funktelegraphischen Übermittlung der Beobachtungen ihrer Orte herangezogen.

Die Bedeutung und der Wert des Wetterdienstes der Deutschen Seewarte wird sich allerdings erst für die Zukunft in vollem Umfange bemerkbar machen, wenn die drahtlose Telegraphie in noch vollkommenerer Weise auf allen Schiffen der Handelsmarine und der Hoch-

1) Dr. Benkendorff „Die Entwicklung des innerdeutschen Wetternachrichtenverkehrs nach dem Kriege“ in Annalen der Hydrographie und Maritimen Meteorologie, März 1922, S. 90ff.

seefischerei Eingang gefunden und dieser damit durch regelmäßige Funkwettertelegramme der Küstenfunkstellen in geeigneten Zeitabständen auf hoher See die Möglichkeit der Bekanntgabe gesichert sein wird. Die vor einiger Zeit gemachte Anregung, den Seewetterdienst für einige Jahre einzustellen, bis unsere Handelsflotte wieder einen größeren Umfang erlangt habe, wird mit Recht von maßgebenden Stellen für unzweckmäßig und gefährlich gehalten. Insbesondere muß hier betont werden, daß die an den Wetterdienst gestellten Anforderungen nicht verhältnismäßig mit der Anzahl der ihn ausnutzenden Schiffe wachsen; die Erfordernisse, die erfüllt sein müssen, wenn die Leistungsfähigkeit des Wetterdienstes gewährleistet sein soll, sind dieselben, ob die Warnungen, Voraussagungen und Auskünfte, die durch Wetterkarten, optische Signale und Funktelegramme verbreitet werden, von wenigen oder von vielen Schiffen aufgenommen werden.

Es ist daher zu begrüßen, daß die mit der ungeahnten Entwicklung der drahtlosen Telegraphie während des Krieges vermehrte Ausrüstung auch kleinerer Schiffe mit Bordfunkstellen die Deutsche Seewarte veranlaßt hat, nach dem Kriege die drahtlose Verbreitung von Wetternachrichten, Sturmwarnungen usw. für den Seeverkehr durch die Reichs-Telegraphenverwaltung einzuführen. So werden seit dem 1. Februar 1920 diese Meldungen (Nachrichten für Seefahrer und Sturmwarnungen) zunächst durch die von der Reichs-Telegraphenverwaltung betriebene Küsten-Hauptfunkstelle Norddeich, jeden Mittag um 1 Uhr M. E. Z. für die Nordsee verbreitet. Seit dem 1. Juli 1922 erfolgt die Verbreitung dieser Meldungen für das Gebiet der Nordsee täglich um 11,15 Uhr vormittags und 10,30 Uhr nachmittags, für das Gebiet der westlichen Ostsee durch die Küstenfunkstelle Swinemünde um 11,30 Uhr vormittags und um 10,45 Uhr nachmittags, und für das Gebiet der östlichen Ostsee durch die Marinefunkstelle Pillau um 12,30 Uhr nachmittags auf der für den öffentlichen Schiffsverkehr vorgesehenen 600 m-Welle. Dieses sog. „Funkwetter“, ein kurzes Telegramm im Klartext, gibt Windrichtung und Stärke, Bewölkung, Regen, Nebel usw., Seegang von einigen Stationen des betreffenden Küstenbezirks, ferner eine Übersicht über die Wetterlage und eine Wettervorhersage für die nächsten 12 Stunden. Letztere wird auch auf Anforderung von Schiffen in See von den drei vorbenannten Funkstellen sowie von der Küstenfunkstelle Cuxhaven gegeben.

Die nachstehende Zusammenstellung gibt uns einen Überblick über die funktelegraphische Aussendung von Wettermeldungen durch deutsche Küstenfunkstellen. (Stand 1. April 1922.)

Sendestelle	Sendezeit	Welle	Allgemeiner Funkwetterdienst	Nachrichten f. Seefahrer und Sturmwarnungen	Eismeldungen	Wetterauskunftdienst
Norddeich	$11^h 15^m$ Vm. $10^h 30^m$ Nm.	600 tönend	Für das Gebiet der Nordsee.	Dreimal hintereinander sogleich nach Eingang derselben bei der betreffenden Küstenfunkstelle, außerdem je einmal im Anschluß an den nächsten allgemeinen Funkwetterdienst.	Im Winter anschließend an den allgemeinen Funkwetterdienst.	Auf Verlangen von Schiffen. Für das Wort ist eine Gebühr in Höhe der Küstenwortgebühr zu zahlen.
Swinemünde	$11^h 30^m$ Vm. $10^h 45^m$ Nm.		Für das mittlere und westliche Gebiet der Ostsee.			
Pillau	$12^h 30^m$ Nm.		Für das östliche Gebiet der Ostsee.		Im Winter anschließend an den allgemeinen Funkwetterdienst.	
Cuxhaven						

Hiernach ist zu erwarten, daß ein in der Ost- oder Nordsee befindliches, mit Bordfunkstellen bzw. nur Funkempfangsanlagen ausgerüstetes Fahrzeug ständig über die für die Schiffahrt wichtigsten Wetterelemente: Windrichtung und Stärke, Seegang und Nebel an den Küsten unterrichtet sein wird; es kann sich an der Hand der gefunkten Witterungsübersichten und Wettervorsagungen ein Bild über die Wetterlage machen und durch Aufnahme und Verbreitung der Sturmwarnungen der Kleinschiffahrt und Fischerei wertvolle Dienste leisten.

Aus den verschiedenen Verhandlungen der einzelnen Stellen über die Benutzung der Funktelegraphie zum Wetternachrichtenaustausch geht hervor, daß dem Reichspostministerium die Einführung der Funktelegraphie zur Verbreitung der Obs-Telegramme nicht nur zur Beschleunigung der Übermittlung, sondern auch zur Entlastung der Drahtleitungen erwünscht ist. Die Weiterentwicklung der Luftfahrt erfordert zweifellos in allen Staaten eine Neuorganisation des Wetternachrichtendienstes, bei der die Übermittlung der Meldungen durch Funktelegraphie zweifellos eine Rolle spielen wird. Dies wird jedenfalls dazu führen, daß eine Regelung aller einschlägigen Fragen auf internationaler Grundlage und Vereinbarung angestrebt wird. Auch die Entscheidung der Frage, ob eine einzige zentrale Großfunkstelle zur Verbreitung der Obs-Telegramme vorzuziehen ist oder eine Abgabe von Sammeltelegrammen seitens der einzelnen Länder und Verbreitung der Obs-Telegramme nur innerhalb jedes Landes erfolgen soll, dürfte einer internationalen Konferenz vorzubehalten sein.

Es darf hier bemerkt werden, daß bereits verschiedene Zusammenkünfte von Meteorologen nach dem Kriege stattgefunden haben, zu denen allerdings Deutschland nicht eingeladen war; erwähnt seien die im Oktober 1919 in Paris tagende „Internationale Konvention für Luftfahrt“, die auch einen Plan für die Verbreitung der europäischen drahtlosen Wettermeldungen aufgestellt hat, der zwar originell sein mag, aber ohne jede praktischen Gesichtspunkte ist, so daß seine Einführung nie ernstlich in Betracht gekommen ist.

Auf der zweiten Zusammenkunft von nur Fachmeteorologen, der 3. Sitzung der Kommission für Wettertelegraphie in London im November 1920, stellte man sich auf den Boden des bestehenden Systems. Die Beschlüsse sollten nur eine einheitliche, straffere Zusammenfassung, beschleunigte Abwicklung des täglichen Wetterfunkprogramms und Richtlinien über den Umfang der Meldungen zum Ziel haben. Die wichtigsten Beschlüsse sind kurz folgende: Die Sendezeiten müssen so gewählt werden, daß die Telegramme des prognostisch wichtigsten Landes den Vorzug haben. Die Reichweite der Sendestationen soll im allgemeinen 1500 km nicht übersteigen. (Die Festsetzung einer unteren

<table>
<tr><th colspan="2">Zeit nach der Beobachtung</th><th rowspan="3">Land</th><th rowspan="3">Land</th></tr>
<tr><th colspan="2">Abgabe</th></tr>
<tr><th>beginnt</th><th>endet</th></tr>
<tr><td>$0^h 30^m$</td><td>$0^h 35^m$</td><td>Griechenland</td><td rowspan="2"></td></tr>
<tr><td>$0^h 35^m$</td><td>$0^h 40^m$</td><td>Malta, Schiffsbeobachtungen vom Mittelmeer</td></tr>
<tr><td>$0^h 40^m$</td><td>$0^h 50^m$</td><td>Dänemark</td><td>Serbien</td></tr>
<tr><td>$0^h 50^m$</td><td>$1^h 00^m$</td><td>Holland</td><td>Rumänien</td></tr>
<tr><td>$1^h 00^m$</td><td>$1^h 10^m$</td><td rowspan="2">England</td><td>Finnland</td></tr>
<tr><td>$1^h 10^m$</td><td>$1^h 20^m$</td><td>Polen</td></tr>
<tr><td>$1^h 20^m$</td><td>$1^h 30^m$</td><td rowspan="2">Frankreich, Belgien, Schweiz</td><td>Estland</td></tr>
<tr><td>$1^h 30^m$</td><td>$1^h 40^m$</td><td>Bulgarien</td></tr>
<tr><td>$1^h 40^m$</td><td>$1^h 50^m$</td><td>Schweden</td><td rowspan="2">Italien</td></tr>
<tr><td>$1^h 50^m$</td><td>$2^h 00^m$</td><td>Norwegen</td></tr>
<tr><td>$2^h 00^m$</td><td>$2^h 10^m$</td><td rowspan="2">Deutschland</td><td rowspan="2">Spanien</td></tr>
<tr><td>$2^h 10^m$</td><td>$2^h 15^m$</td></tr>
<tr><td>$2^h 15^m$</td><td>$2^h 20^m$</td><td>Österreich</td><td rowspan="3">Afrika</td></tr>
<tr><td>$2^h 20^m$</td><td>$2^h 30^m$</td><td>Ungarn</td></tr>
<tr><td>$2^h 30^m$</td><td>$2^h 35^m$</td><td>Tschecho-Slowakei</td></tr>
<tr><td>$2^h 35^m$</td><td>$2^h 40^m$</td><td>Konstantinopel</td><td></td></tr>
</table>

Grenze der Reichweite ist erwünscht; die Reichweite darf nach den in Deutschland gemachten Erfahrungen auch im Sommer nicht unter 1500 km betragen.) Vorstehendes Schema für die Sendezeiten ist aus den Beratungen hervorgegangen. (Die den einzelnen Ländern zur Verbreitung zugewiesene Zahl von Stationen dürfte als ausreichend anzusehen sein.)

In einem Aufsatz „Le Comité technique interallié de Radiotélégraphie“ [1]) in „Revue Générale de l'Electricité“, Nr. 5 vom 4. Februar 1922 berichtet Malgorn, daß eine Unterkommission die Organisation der radiotelegraphischen Übermittlung der meteorologischen Mitteilungen erörtert habe; hiernach soll eine Kollektivmitteilung, welche die Summe der europäischen Beobachtungen angibt, drei Stunden nach jeder Beobachtung verbreitet werden. Die Kollektivmitteilung, welche die in Europa angestellten Beobachtungen zusammenfaßt, soll aus einer gewissen Anzahl von Stationen für jedes Land bestehen, wie dies in der nachstehenden Tabelle angegeben ist. Der Wetterdienst eines jeden Landes müßte den Präsidenten der Kommission so bald wie möglich über die Namen der Stationen unterrichten, die an den europäischen Kollektivmitteilungen teilnehmen sollen.

Land	Anzahl der Stationen	Land	Anzahl der Stationen
Irland	1 (m. Thorshaven)	Dänemark	1
Großbritannien	5	Holland	1
Frankreich	5	Finnland	1
Italien	5	Estland	1
Azoren	1	Polen	2
Spanien	} 5	Tschecho-Slowakei	2
Portugal		Rumänien	1
Deutschland	} 6	Konstantinopel	1
Österreich		Bulgarien	1
Ungarn		Malta	1
Schweiz	1	Nordafrika	5
Norwegen	3	Tripolis	1
Schweden	2	Ägypten	5

Zu diesen Stationen kämen noch höchstens 30 Gruppen aus den Vereinigten Staaten und 20 Gruppen aus Kanada und Grönland. Diese Gruppen würden alle Beobachtungen der im westatlantischen Ozean befindlichen Schiffe umfassen, die von den Sendegroßstationen der Vereinigten Staaten und Kanadas ausgesandt werden.

Im September 1921 hat eine neue Besprechung über die Fragen

1) Die Sitzungen fanden Juni/August 1921 in Paris statt.

des funktelegraphischen Wetterdienstes in London stattgefunden. Der amtliche Sitzungsbericht ist in Deutschland noch nicht bekannt, doch scheint aus Mitteilungen aus dem Auslande hervorzugehen, daß vor allem an dem aufgestellten Sendeplan verschiedene Änderungen vorgenommen sind. Ein von so vielen bestimmenden Faktoren abhängiger Plan wird wohl stets verbesserungsbedürftig bleiben, um so mehr, als bei dem ständig wachsenden drahtlosen Verkehr Störungen des Empfanges durch auf gleicher oder benachbarten Wellen arbeitenden fremden Stationen eine stete Gefahr bilden werden.

Aus den obengenannten Beschlüssen der Londoner Konferenz ergeben sich nach Benkendorff[1]) für Deutschland unmittelbar zunächst keine Folgerungen. „Deutschland ist auf der Konferenz nicht vertreten gewesen, und somit sind die dort gefaßten Beschlüsse in keiner Weise für uns bindend. Werden diese aber in nächster oder fernerer Zeit von einem überwiegenden Teil der europäischen Staaten durchgeführt, so finden wir uns Tatsachen gegenübergestellt, an denen wir nicht ohne weiteres vorübergehen können. Endgültige Beschlüsse sollen der auf das Jahr 1923 verschobenen Direktorenkonferenz vorbehalten bleiben, zu der dem Vernehmen nach die Direktoren der meteorologischen Institute sämtlicher Länder eingeladen werden."

Die Durchführung eines neuen deutschen Funkprogramms war jedoch erforderlich, um den verbesserungsbedürftigen deutschen Wetterdienst, insbesondere durch straffere Zusammenfassung, neuzeitlich zu gestalten. Durch das im nachstehenden geschilderte einheitliche, wesentlich vervollkommnete System werden nicht nur die Interessen des deutschen Wetterdienstes gefördert, sondern auch das Interesse, das ein großer Teil des Auslandes schon jetzt den deutschen Funkwetternachrichten entgegenbringt, gehoben, ein Umstand, der auf die Vertretung der deutschen Interessen nur fördernd wirken kann.

Im Benehmen mit den zuständigen Behörden ist seit April 1920 in Deutschland ein praktischer Versuch zur funktelegraphischen Verbreitung von Wettermeldungen durch eine zentral gelegene Funkstelle seitens der Reichstelegraphenverwaltung gemacht worden, an dem die Wetterdienststellen bzw. Landeswetterwarten in Berlin, Magdeburg, Frankfurt (Main), Weilburg, Gießen und Karlsruhe beteiligt sind. Die erforderlichen Empfangsapparate sind von der Reichstelegraphenverwaltung geliefert und eingebaut worden; die Ausbildung des aufnehmenden

1) Dr. Benkendorff, Die Ziele des europäischen und des deutschen drahtlosen Wetternachrichtendienstes. In „Annalen der Hydrographie" usw., 49. Jahrg., 1921, Heft 12, S. 369ff.

Personals ist durch die betreffende Oberpostdirektion erfolgt. Die entstandenen Selbstkosten werden dem Reichspostministerium von den zuständigen Ministerien erstattet. Die funktelegraphische Verbreitung der Wettertelegramme der Hamburger Seewarte[1]) und der Höhenmeldungen (aerologische Sammeltelegramme) des Aeronautischen Observatoriums in Lindenberg[2]) geschieht durch die von der Reichstelegraphenverwaltung betriebene Hauptfunkstelle Königswusterhausen.

Der innerdeutsche Funkwetterdienst umfaßt vier von der Deutschen Seewarte in Hamburg zusammengestellte Funkobs sowie vier von dem Preußischen aeronautischen Observatorium in Lindenberg zusammengestellte Nachrichten für Luftfahrer, welche unter Ferntastung von der Seewarte bzw. dem Observatorium durch die Hauptfunkstelle Königswusterhausen mit einem 10 kW-Röhrensender auf der Welle 5250 m seit dem 1. Juli 1922 täglich zu folgenden Zeiten verbreitet werden:

7,35— 7,50	Vm.	Nachrichten für Luftfahrer, Lindenberg,
7,50— 8,00		Funkobs Nacht der Deutschen Seewarte,
9,50—10,05	„	Funkobs I der Deutschen Seewarte,
10,05—10,25	„	Nachrichten für Luftfahrer, Lindenberg,
5,00— 5,15	Nm.	Funkobs II der Deutschen Seewarte,
5,15— 5,35		Nachrichten für Luftfahrer, Lindenberg,
8,50— 9,05		Funkobs III der Deutschen Seewarte,
9,05— 9,25		Nachrichten für Luftfahrer, Lindenberg.

Die Erweiterung dieses Funkwetterdienstes durch Hinzuziehung weiterer Wetterdienstinstitute nach Einbau von Empfangsapparaten dürfte, abgesehen von der Kostenfrage, auf keine Schwierigkeiten stoßen; so schweben zurzeit Verhandlungen mit verschiedenen Landes-

1) Die von der Deutschen Seewarte als „Deutschland-Obs" täglich um 9,40 Uhr vorm. sowie 4,50 und 8,40 Uhr nachm. verbreiteten Wettersammeltelegramme werden auf Grund der bei 15 meteorologischen Stationen im Flachlande (Borkum, Keitum, Hamburg, Swinemünde, Danzig, Memel, Aachen, Cassel, Berlin, Dresden, Breslau, Frankfurt, Karlsruhe, München, Fürth) und 5 Höhenstationen (Zugspitze, Kahler Asten, Brocken, Fichtelberg, Wien) gemachten Beobachtungen nach dem internationalen Schema (Barometerstand, Temperatur, Wind, Witterung, Verlauf) zusammengestellt. Außerdem enthalten sie im Winter eine Eismeldung von den deutschen Küsten.

2) Der Höhenwetterdienst Lindenberg umfaßt Sammeltelegramme europäischer Pilot-, Fessel- und Flugzeugaufstiege nach dem Lindenberger Schlüssel chiffriert; ferner im Klartext eine Übersicht über Luftströmungen in der Höhe, Wolkenhöhen usw., sowie entsprechende Vorhersage für Mitteldeutschland. (Im übrigen vgl. zu 2) und 3) „Funk-Wetter".)

wetterwarten wegen etwaiger Ausrüstung mit einer Funkempfangsanlage und Beteiligung an dem Funkwetterdienst.

Die Früherlegung der Funkobstelegramme war nur dadurch möglich, daß der Seewarte Hamburg die Möglichkeit zur Fernbetätigung des Senders in Königswusterhausen gegeben wurde. Benkendorff schreibt (a. a. O., Annalen, Dezember 1921, S. 372/373) hierüber folgendes: „Während die Telegramme anfangs auf Hughes-Leitung nach Königswusterhausen gegeben, also auf dem Telegraphenamt Hamburg und dem Haupttelegraphenamt Berlin umtelegraphiert werden mußten, gelang es, dank dem Entgegenkommen der Reichsfunkbehörde, in Verbindung mit der Ferntastung von Berlin aus eine durchgeschaltete Leitung von der Seewarte zur Hauptfunkstelle Berlin (der Taststelle) für die Abgabe der Telegramme zu erhalten, so daß jetzt die Telegramme direkt von der Seewarte an die Taststelle abgesetzt werden. Dies brachte einen Zeitgewinn von morgens 40 Minuten ein. Die weitere Früherlegung läßt sich aber nur erzielen, wenn die Tastung der Telegramme direkt durch die Seewarte, auf durchgeschalteter Leitung Seewarte—Sender Königswusterhausen, erfolgt. Dahinzielende Versuche, zu denen sich die Reichsfunk- und Telegraphenbehörden bereit erklärten, wurden im April d. J. angestellt und ergaben, daß rein technisch der Ferntastung über 330 km nichts im Wege steht." Die Ferntastung Hamburg (Seewarte)—Königswusterhausen ist inzwischen, wie oben bereits ausgeführt, endgültig von der Reichstelegraphenverwaltung eingeführt. Ebenso betätigt das Observatorium Lindenberg den Königswusterhausener Sender durch Ferntastung.

Von verschiedenen Stellen ist nun weiterhin der Wunsch ausgesprochen worden, selbst mit eigenen Funksendern ihre Beobachtungen funken zu dürfen; sie müßten zu diesem Zweck mindestens eine Verkehrswelle zugeteilt erhalten. Dies ist jedoch — abgesehen von der Kostenfrage — nicht angängig, da es bei den umfangreichen Aufgaben der Funktelegraphie jetzt schon auf die größten Schwierigkeiten stößt, unter Ausnutzung der zur Verfügung stehenden Wellen gegenseitige Störungen fernzuhalten. Bei der Zulassung von Sendestellen zu besonderen Zwecken ist daher die größte Zurückhaltung dringend erforderlich, wenn nicht bei dem heutigen Stande der Technik der ganze Verkehr des öffentlichen Zwecken dienenden Reichsfunknetzes zusammenbrechen soll.

Infolge der Verzögerung der Drahttelegramme auf dem Wege von den Wetterwarten nach der Seewarte kommen nun tatsächlich viele wichtige Beobachtungsmeldungen oft derart spät an, daß sie für die Wettervorhersage nicht mehr benutzt werden können. Das Reichspostministerium hat deshalb die Funktelegraphie noch mehr für den Wetternachrichtendienst nutzbar gemacht und angeordnet, daß diejenigen Wetterwarten, die gute Drahtverbindung mit einer in der Nähe liegenden Postfunkstelle haben, ihre Beobachtungen an die Postfunkstelle weitergeben, welche diese Meldungen zu bestimmten, mit der Deutschen Seewarte vereinbarten Zeiten funktelegraphisch abgeben. Für diese Heranschaffung der Beobachtungen an die Wetternachrichtenzentrale des deutschen Wetterdienstes auf drahtlosem Wege kommen nach dem jetzigen Stande des Reichsfunknetzes folgende Postfunkstellen in Frage: Friedrichshafen, Frankfurt (Main), (gleichzeitig für Friedrichshafen), Swinemünde, Breslau, Königsberg (Pr.) (für Memel), Berlin. Die Wetterbeobachter geben ihre Beobachtungen durch Fernsprecher unmittelbar bei der Postfunkstelle auf, damit auf diese Weise die Telegramme nicht auf dem Weg über die Telegrammaufnahmestelle Verzögerungen erleiden und zu einer bestimmten Zeit am Sendeapparat zur funktelegraphischen Abgabe bereitliegen; die Funkstellen geben die Wettermeldungen „blind“ nach Hamburg (Seewarte) ab. Zu den obengenannten Übermittlungsstellen ist inzwischen auch die Leitfunkstelle München getreten, die ein Sammeltelegramm der bayerischen Landeswetterwarte München von München, Bamberg und der Zugspitze übermittelt.

Nachdem die meisten europäischen Staaten am 1. Januar 1922 die auf der Londoner Wetternachrichtenkonferenz 1921 beschlossenen Sendezeiten eingeführt hatten, war es notwendig, auch für die deutschen Funkmeldungen einen endgültigen Sendeplan unter Anpassung an den Auslandsplan aufzustellen. Hierbei mußte darauf Bedacht genommen werden, einerseits die Meldungen so früh wie möglich zu erhalten und Abstände zwischen den Sendezeiten zu gewinnen, die selbst bei Verspätungen ein Überdecken zweier Funkmeldungen vermeiden, andererseits eine möglichste Entlastung der Wetternachrichtenempfangsstellen zu erzielen. Der nachstehende Sendeplan[1]), der seit dem 1. März 1922 eingeführt ist, dürfte als befriedigendste Lösung zu betrachten sein, nachdem sich die relaisartige Sammlung und Weitergabe der Wettermeldungen mit Rücksicht auf die starke Belastung der Funkstellen des Reichsfunknetzes als unmöglich erwiesen hatte.

---

1) Annalen der Hydrographie usw., März 1922, S. 92.

Beobachtungen von	8h Vm.	2h Nm.	7h Nm.
	Sendezeit:		
Wilhelmshaven	8,20	2,20	7,20
Swinemünde	8,25	2,25	7,25
Frankfurt a. M.	8,30	2,30	7,30
Danzig	8,35	2,35	7,35
Berlin	8,45	2,45	7,45
Breslau	8,55	3,05	7,55
Königsberg	9,05	—	8,05
München	8,00 Vm. 10,50 Vm	Beobachtung von Fürth von 7 und 10 Vm.	

Es ist zu hoffen, daß es durch diese Maßnahme gelingen wird, wenigstens den größten Teil der erforderlichen Wettermeldungen rechtzeitig der Seewarte zuzuführen; auch ist damit zu rechnen, daß im deutschen Wetterfunkverkehr nunmehr eine Beruhigung eintreten wird und das neue Sendeprogramm vor größeren Änderungen bewahrt bleibt.

Der deutsche Wetterdienst verfügt heute über zwei sich gut überdeckende Nachrichtennetze, ein telegraphisches und ein drahtloses Netz, so daß bei Störungen einer Übermittlungsart nicht ganz auf alle Nachrichten verzichtet werden muß. So lange die luftelektrischen Störungen den drahtlosen Empfang noch behindern, wird im internen funktelegraphischen Wetterdienst das Nebeneinanderbestehen zweier Übermittlungsarten notwendig sein. Bei den in der zweiten Hälfte des Novembers 1921 angestellten Versuchen, die deutschen Beobachtungen sowohl auf Drahtleitungen, als auch auf Funkverbindungen zu übermitteln, ergab sich folgendes Bild[1]):

Drahtübermittelung. Es liefen zu spät ein:

von 182 Morgentelegrammen	81 = 44½ %	im Mittel 28 %
169 Nachmittagstelegrammen	37 = 22 %	
169 Abendtelegrammen	26 = 15 %	

Drahtlose Übermittlung. Von 252 Funksprüchen sind 46 nur teilweise oder gar nicht aufgenommen = 18 %.

Von den 46 nicht aufgenommenen Funksprüchen sind nur 14 gestört, teils durch das Arbeiten der Hamburger Postfunkstelle, teils durch Abstimmen seitens der Schiffe im Hafen. Der Rest — 32 Funksprüche — war nicht abzunehmen, weil die Funkstellen unpünktlich waren. Das

1) Annalen usw., März 1922, S. 91.

Ergebnis sprach für die drahtlose Übermittlung, namentlich nachdem die Reichstelegraphenverwaltung für Abhilfe der Störungen durch die Leitfunkstelle Hamburg und durch das Abstimmen der Schiffe im Hafen gesorgt hatte.

Die großen Umwälzungen, Änderungen und Verbesserungen im Nachrichtenverkehr zwischen den Stationen des deutschen synoptischen Beobachtungsnetzes und der deutschen Seewarte als Nachrichtenzentrale des deutschen Wetterdienstes sind, wie aus vorstehender Schilderung ersichtlich, zu einem gewissen Abschluß gelangt. In dem heutigen innerdeutschen Wetternachrichtendienst dürfte eine Organisation geschaffen sein, die zwar keinen Idealzustand darstellt, die aber auf Grund der gesammelten Erfahrungen und des augenblicklichen Standes des Funknetzes die möglichst größte Gewähr für die schnellste und sicherste Übermittlung bietet. Die nachstehende Liste gibt uns einen Überblick über die Funksendestellen des innerdeutschen Wetterfunkdienstes.

Liste der Funksendestellen des innerdeutschen Wetterfunkverkehrs.

Funkstelle	Rufname	Sendezeiten	Wellenlänge	Wellenart	Ungefähre Reichw. in km
Adlergrund-Feuerschiff . . .	KAG	0800, 1100, 1700, 1900	300	tfm	100
Amrumbank-Feuerschiff . . .	KAF	0805, 0805, 1405, 1405, 1850	300	tfm	100
Berlin	BZ	0845, 1445, 1945	3300	us	800
Borkum	KBM	0815, 1200, 1415, 1915	1250	tfm	600
Borkumriff-Feuerschiff . . .	KBR	0810, 1410, 1910	300	tfm	100
Breslau	LÜ	0855, 1505, 1955	1550	us	800
Friedrichsort	KBK	0810, 1110, 1730, 1910	820	tfm	600

Liste der Funksendestellen des innerdeutschen Wetterfunkverkehrs. (Fortsetzung.)

Funkstelle	Rufname	Sendezeiten	Wellenlänge	Wellenart	Ungefähre Reichw. in km
Friedrichsort	KBK	1200	600	tfm	400
Danzig	DG	0835, 1435, 1935	1950	us	800
Frankfurt a. M.	FR	0830, 1430, 1930	1225	us	800
Friedrichshafen	FH	0820, 1915	1525	us	800
Königsberg	KÖ	0905, 1130, 2005	2200	us	800
Lindenberg	LI	keine festst. Sendezeiten	900	us	800
List	KAL	0250, 0600, 0810, 1140, 1410, 1740, 1910, 2320	1250	tfm	400
München	MÜ	0800, 1050	1400	us	800
Norddeich	KAV	1115, 2230	600	tfm	900
Nordholz	KBN	0535, 1005	1250	tfm	600
Pillau	KAP	0830, 1230, 1430, 1930	600	tfm	400
Swinemünde I	KAW	0825, 1145, 1745, 1925	1000	tfm	600
Swinemünde II	KAW	1130, 2245	600	tfm	400
Wilhelmshaven	FÜL	0820, 1420, 1920	1250	tfm	800

Die Deutsche Seewarte in Hamburg, deren Aufgabe die Nutzbarmachung der Ergebnisse der meteorologischen Wissenschaft für die Praxis, also insbesondere für die Seeschiffahrt und Luftfahrt ist, besitzt mehrere Empfangsanlagen, die es ihr ermöglichen, zeitweise gleichzeitig eine größere Zahl Wetternachrichten europäischer Funkstellen aufzunehmen, die in der Liste der internationationalen Funksendestellen aufgeführt sind. Anfang 1920 hat die Deutsche Seewarte unter dem Titel „Funk-Wetter" eine Zusammenstellung herausgegeben, aus der sämtliche Funkstellen ersichtlich sind, die Wetternachrichten, Zeitzeichen, Eis- und Erdbebenmeldungen funktelegraphisch verbreiten. Die außerordentliche Mannigfaltigkeit des Materials, das Fehlen jeglicher Einheitlichkeit in Abfassung und Verschlüsselung der Wetternachrichten, das Fehlen eines durch internationale feste Vereinbarungen aufgestellten zweckmäßigen Funkprogramms machten eine klare, übersichtliche Zusammenstellung notwendig, die es auch dem, eine Empfangseinrichtung besitzenden Seefahrer, dem Luftfahrer usw. ermöglicht, sich an Hand dieses Schlüssels Aufschluß über besondere, von ihm gewünschte Witterungsangaben zu holen oder sich laufend einen Überblick über die gesamte Wetterlage zu schaffen. Die neueste, im Juni 1922 erschienene 4. Auflage des „Funk-Wetter"[1]) wurde im Buchdruck herausgebracht, da eine gewisse Stabilisierung im drahtlosen Wetternachrichtenverkehr eingetreten ist und große durchgreifende Änderungen in dem Sendeplan, sowie im Inhalt der Funksprüche nicht mehr zu erwarten sind.

Der Funkwetterschlüssel bringt zunächst im Teil A (Funkwetter — Europa) eine Liste der europäischen und innerdeutschen Funkstellen, die Wettermeldungen funken. Alsdann bringt das Funkwetter eine Erläuterung über den Inhalt der Funksprüche, die es ermöglicht, in Verbindung mit dem Abschnitt über „Inhalt der Funksprüche", jeden Wetternachrichten enthaltenden Funkspruch auszudeuten, zu entziffern.

Ein besonderer Abschnitt „Buchstabenerläuterung" und „Umrechnungstabellen" sind als Beiheft gesondert herausgebracht worden, wodurch die gleichzeitige Benutzung der verschiedenen Teile erheblich erleichtert worden ist.

Teil B (Funkwetter — Welt) bringt eine Zusammenstellung der Funkstellen außerhalb Europas, die Wettermeldungen senden mit Angabe ihrer geographischen Lage, ferner des Rufzeichens, der Wellenlänge und der Zeit der Abgabe des Berichts.

Insbesondere für den praktischen Gebrauch an Bord ist als Teil C

---

1) Der Bezugpreis des Schlüssels einschließlich der laufenden portofreien Zusendung der Deckblätter und Neuauflagen beträgt für das Rechnungsjahr 1922 für das Inland 70 M., für das Ausland 200 M. (Verlag Hammerich & Lesser, Altona).

eine Übersicht der Zeitzeichen gebenden drahtlosen Funkstellen, Zeit und Erläuterung des Zeichens, Wellenlänge usw. angefügt.

In den beiden letzten Abschnitten D und E ist ein Schlüssel für funktelegraphische Eismeldungen und Erdbebenmeldungen enthalten.

Aus den vorstehend gemachten Ausführungen dürfte ersichtlich sein, daß das Deutsche Reich hinsichtlich der Indienststellung der Funktelegraphie für meteorologische Zwecke, die besonders unserer Schiffahrt und Luftfahrt zugute kommen wird, anderen Ländern gewiß nicht nachsteht.

d) Der Funkwetterdienst in den übrigen Ländern.

In ähnlicher Weise wie in Deutschland ist der Funkwetterdienst auch in den anderen Ländern Europas durchgeführt. Zur Zeit werden in diesen Ländern von einer größeren Zahl von Funkstellen Wetternachrichten verbreitet, die aus der nachfolgenden Liste der europäischen Funksendestellen auf Seite 36 ff. ersichtlich sind.

Besonders gut organisiert ist der englische Funkwetterdienst, welcher die Bodenbeobachtungen von 18 Stationen, Höhenwindmessungen, Fesselaufstieg- und Flugzeugmeldungen sowie Schiffsbeobachtungen vom Atlantischen Ozean bringt. Außerdem wird zweimal täglich im Klartext eine Übersicht über die Luftdruckverteilung und eine Wettervorhersage verbreitet. Die Funkstelle Malta gibt eine Übersicht über Luftdruckverteilung, Wetterlage und Wettervorhersage.

Auch Frankreich unterhält einen ausgedehnten Funkwetterdienst. Die Großfunkstelle Eiffelturm verbreitet viermal täglich ein Sammeltelegramm über die französischen Beobachtungen von 8,00 Uhr morgens, 2,00 Uhr nachts, 2,00 Uhr nachm. und 7,00 Uhr abends. Diese Funksprüche enthalten neben den Beobachtungen von 43 Stationen Schiffsbeobachtungen sowie Höhenwindmessungen. Außerdem werden vom Eiffelturm 4 mal täglich um 5,00 Uhr vorm., 11,05 vorm., 5,00 und 10,00 Uhr nachm. noch Sammeltelegramme gegeben über die Beobachtungen von 8,00 Uhr vorm., 2,00 Uhr nachts, 2 Uhr und 7 Uhr nachm. (in der Hauptsache England, Skandinavien, Spanien, Portugal, Island, Afrika und die Azoren), sowie im Anschluß hieran im Klartext eine Übersicht über die Luftdruckverteilung und die Wettervorhersage.

In Holland verbreitet die Funkstelle Soesterberg dreimal täglich die Beobachtungen der Stationen Helder, Vlissingen und De Bilt, außerdem achtmal täglich Flugwettermeldungen. Scheveningen gibt zweimal täglich ein Sammeltelegramm und im Anschluß hieran Sturm-

Liste der internationalen europäischen Funksendestellen.
(Funkwetter Europa.)

Funkstelle	Rufname	Sendezeiten	Wellenlänge	Wellenart[1])	Ungefähre Reichw. in km
Ain-el-Turk	FUK	0400, 1000, 1245, 1545, 2100	3300	us	2500
Athen	SXG	0805	3600	tfm	—
Banica-Belgrad	HFB	0840, 1430, 1930	4590	us	1500
Bizerta-Sidi-Abdallah I	FUA	0415, 1020, 1620, 2120	5150	us	3500
Bizerta-Sidi-Abdallah II	FUA	1300	1350	tfm	—
Brüssel-Uccle I	HS	0815, 1415, 1915	1400	us	800
Brüssel-Uccle II	HS	0825, 0925, 1025, 1125, 1225, 1425, 1625	1680	us	800
Brüssel-Uccle III	HS	1300	1500	us	800
Budapest-Czepel	HB	1020	3000	tfm	2000
Bukarest-Herestrau	BUC	0250, 0850, 1450, 1950	7500	us	3000
Carabanchel	EGC	1100, 1630, 2130	2000	tfm	1800
Deutsch-Altenburg	OHD	0920, 1620	5600	us	3000
Eiffelturm	FL	0320, 0500, 0920, 1105, 1520, 1700, 2020, 2200	2600	tfm	—
Faleiras	PQT	1430, 1930	1000	tfm	—

1) tfm = gedämpft, us = ungedämpft.

Liste der internationalen europäischen Funksendestellen.

(Funkwetter Europa.) (Fortsetzung.)

Funkstelle	Rufname	Sendezeiten	Wellenlänge	Wellenart	Ungefähre Reichw. in km
Karlsborg	SAJ	0840, 1315, 1440, 1940	4200	us	3000
Königswusterhausen	LP	0735, 0750, 0940, 0950, 1005, 1650, 1705, 2040, 2050, 2105	5250	us	3000
Kristiania	LCH	0850, 1450, 1950	8000	us	3000
Libau	KCB	0730, 0855	1200	tfm	600
London I	GFA	0700, 0900, 1015, 1500, 2000, 2100	4100	us	600
London II	GFA	0635, 0735, 0835, 0935, 1035, 1135, 1235, 1335, 1435, 1535, 1635, 1735	1680	us	400
London III	GFA	0300	1400	us	800
Lyngby	OXE	0835, 1435, 1935	3650	us	3000
Malta	BYZ	1000, 2200	4000	us	3700
Mediouna	CNM	0345, 0945, 1530, 2045	5000	us	2500

Liste der internationalen europäischen Funksendestellen.

(Funkwetter Europa.) (Fortsetzung.)

Funkstelle	Rufname	Sendezeiten	Wellenlänge	Wellenart	Ungefähre Reichw. in km
Monsanto	CTV	1450 1950	1000	tfm	1000
Moskau	RAJ	2310	5000	tfm	2500
New Holland	RAC	1010 1615	1600	tfm	1300
Clifden [1]	MFT	1050 2250	2600	tfm	—
Prag	PRG	1030 1630 2130	4500	us	1500
Reval	ELN	1005 2200	2000	tfm	1000
Rom (San Paolo)	IDO	1030 2145	11000	us	2000
Sandhamns	OJA	0355 0955 1555 2055	4500	us	1200
Scheveningen	PCH	0015 1215	1800	tfm	2200
Soesterberg I.	STB	0830 1430 1930	1900	us	800
Soesterberg II	STB	0845 0945 0955 1045 1145 1345 1445 1605	1680	us	800
Sofia	FF	0755 1455	3500	tfm	1600
Warschau	WAR	0310 0910 1510 2010	2000	tfm	2000

warnungen in holländischer und englischer Sprache sowie Leuchtfeuer- und Wrackmeldungen.

In Italien werden von Rom um 10,30 Uhr vorm. und 9,45 Uhr

1) Clifden ist im Juli 1922 bei den Wirren durch irische Aufständische zerstört worden.

nachm. die Beobachtungen von 20 italienischen Stationen und anschließend Pilotmeldungen verbreitet; außerdem unterhalten 15 Stationen einen internen Funkwetterverkehr.

Sehr ausgedehnt ist der Funkwetterdienst auch in den skandinavischen Ländern. Die Funkstelle Karlsborg gibt dreimal täglich ein Sammeltelegramm über die Beobachtungen von 11 schwedischen Stationen, außerdem ein Sammeltelegramm für die Schiffahrt mit einer Übersicht über die Wetterlage (in englischer Sprache), einer Wettervorhersage (für die Gebiete der östlichen Nordsee, der schwedischen Westküste, der Ostsee und des Bottenwiek) sowie im Winter eine Eismeldung. Kristiania gibt ebenfalls dreimal täglich ein Sammeltelegramm. Außerdem verbreiten 4 weitere Funkstellen interne Wettermeldungen.

In ähnlicher Weise wie in Europa ist der Funkwetterdienst in den anderen Erdteilen durchgeführt worden. Auch in Amerika, Asien, Afrika und Australien werden sowohl allgemeine als auch örtliche Wetterberichte (Wettervorhersagen und Sturmwarnungen auch auf Ersuchen von Schiffen auf See) verbreitet. So gibt z. B. Washington (Arlington) zweimal täglich im Anschluß an das Zeitzeichen ein Sammeltelegramm, welches die Beobachtungen von 23 in den Vereinigten Staaten und in Canada gelegenen Stationen und im Klartext in englischer Sprache eine Wettervorhersage für das Küstengebiet enthält. Außerdem werden von einer großen Anzahl von amerikanischen Funkstellen örtliche Wetterberichte und Sturmwarnungen auf Ersuchen an Schiffe abgegeben.

B. Der funktelegraphische Zeitzeichendienst.

Ein für die Navigation sehr wichtiges Hilfsmittel ist die genaue Greenwicher Zeit auf See. Zu diesem Zweck führen die großen wertvollen Schiffe mehrere Chronometer mit sich, während die kleineren Dampfer nur ein Chronometer an Bord haben. Die Längenbestimmung wird meistens des Morgens ausgeführt. Einige rasch aufeinanderfolgende Messungen der Sonnenhöhe nebst den zugehörigen Chronometerablesungen liefern das Material für die Berechnung der Abweichung des Chronometers von der richtigen Ortszeit. Der Unterschied zwischen der Ortszeit und der für den gleichen Zeitpunkt gültigen Greenwicher Zeit ist der gesuchte Längenunterschied zwischen den Meridianen beider Orte, ausgedrückt in Zeitmaß (24 Stunden entsprechen 360°). Vorbedingung bei diesen Längenbestimmungen ist natürlich, daß das Chronometer ganz genaue Greenwicher Zeit angibt.

Es hat sich jedoch bisher in der Technik nicht ermöglichen lassen, ein völlig genau gehendes Chronometer herzustellen, abgesehen davon, daß diese Instrumente bei den lebhaften Erschütterungen, denen der Schiffskörper ausgesetzt ist, nur zu leicht im Laufe der Fahrt geringe Unterschiede gegen die richtige Zeit aufweisen. Ein Fehler von einer Zeitminute aber zieht z. B. auf dem 55. Breitengrade schon eine Abweichung von $^1/_4$ Bogengrad in der Länge, also von 16 km, nach sich. Das Chronometer mußte somit unzweifelhaft an Wert gewinnen, sobald es möglich wurde, dem Seemann die Zeit in regelmäßigen Zwischenräumen durch drahtlose Telegraphie zu übermitteln. Der Seemann kann sich bei jeder Wetterlage auf sein funktelegraphisch kontrolliertes

Chronometer uubedingt verlassen; die Sicherheit auf den Seewasserstraßen wird beträchtlich erhöht.

Bereits im Jahre 1906 hatte der Direktor des Geodätischen Instituts zu Potsdam, Prof. Dr. Albrecht, Versuche[1]) angestellt, die Funktelegraphie zur Übertragung genauer Zeitsignale nutzbar zu machen und gezeigt, daß ihre Anwendung bei Längenbestimmungen von großem Wert ist. Diese Zeitübertragungen erwiesen sich als erforderlich, um den Unterschied der geographischen Längen zweier Orte auf der Erde festzustellen. Die Fehler der astronomischen Uhren zweier Stationen gegen genaue Ortszeit lassen sich mit Hilfe der feinen Meßinstrumente des Astronomen mit aller gewünschten Genauigkeit vom Himmel unmittelbar ablesen, so daß es nur noch darauf ankommt, den Zeitunterschied zu ermitteln, den die beiden Uhren in einem gegebenen Augenblicke angeben. Bisher erreichte man die genaue Zeitvergleichung (für geodätische Zwecke ist die Zeitvergleichung bis zu einer Genauigkeit von wenigen Tausendstel der Sekunde nötig) durch eine unmittelbare telegraphische Verbindung der beiden Sternwarten und Abgabe von Signalen hin und zurück. Durch die erfolgreichen Versuche des Prof. Albrecht wurde der Beweis erbracht, daß die Funktelegraphie zu einer Zeitübertragung mit astronomischer Genauigkeit gut zu verwenden ist.

In Ländern mit engem Telegraphennetze wird die Ausführung der Längenbestimmung nach dem bisherigen Verfahren auf keine Schwierigkeiten stoßen; in Gebieten mit schwieriger zugänglichen Punkten Gebirgsländern) oder auch in Ländern mit spärlichem Telegraphennetze (Kolonien) können leicht Fälle eintreten, in denen die Anwendung der gewöhnlichen Telegraphie auf Schwierigkeiten stößt. Hier tritt nun die Funktelegraphie helfend ein, da nach den Versuchen des Prof. Albrecht festgestellt ist, daß man die modernen Empfänger als Präzisionsapparate ansprechen kann, so daß also, von diesem Gesichtspunkt aus betrachtet, der Anwendung der Funktelegraphie bei Längenbestimmungen keine Schwierigkeiten im Wege stehen.

Das Ergebnis dieser Versuche[2]) kann man dahin zusammenfassen, daß die Funktelegraphie bei Ausführung von Längenbestimmungen

1) Veröffentlichung des Kgl. Preuß. geodätischen Instituts (Neue Folge Nr. 31): Bestimmung der Längendifferenz Potsdam—Brocken im Jahre 1906. Versuche über die Anwendung der drahtlosen Telegraphie bei Längenbestimmungen. Berlin 1907.

2) Vgl. Thurn, „Die Funkentelegraphie im Zeitsignaldienst". In „Umschau" Nr. 36/1910.

die Anwendung der gewöhnlichen Telegraphie vollständig ersetzen kann. Mit Hilfe der Funktelegraphie können die Zeitzeichen heute über den größten Teil der Erde zu gleicher Zeit verbreitet werden. Die drahtlose Telegraphie bietet somit den Astronomen die Möglichkeit, ein ganzes Netz von geographischen Längenbestimmungen gleichzeitig über ein großes Gebiet der Erde auszubreiten, wodurch die Sicherheit dieser Bestimmungen wesentlich gewinnen wird.

Funktelegraphische Zeitzeichen zu Längenbestimmungen wurden gelegentlich der Expedition für die Grenzregulierung zwischen dem damaligen Deutschen Schutzgebiet Kamerun und Französisch-Äquatorial-Afrika 1912/1913 unter Mitwirkung eines vom Kolonialamt entsandten Astronomen durch die von Telefunken errichtete und von der Reichs-Telegraphenverwaltung betriebene Küstenfunkstelle Duala mit gutem Erfolge ausgesandt. Zur Übertragung der für die Längenbestimmung benötigten Zeitzeichen war die astronomische Beobachtungsstelle mit der Küstenfunkstelle durch eine Doppelleitung verbunden. Auf einer Entfernung von 1000 km nahm die Deutsch-Französische Grenzexpedition an der Parmaquelle und die Monda-Dschua Grenzexpedition im Süden des Schutzgebietes auf etwa 850—1000 km die Zeitzeichen gut auf, was bei den verhältnismäßig einfachen Empfangseinrichtungen der Grenzexpeditionen und bei den starken luftelektrischen Störungen schon damals als guter Erfolg anzusehen war. Nach dem Bericht des Führers der Logone-Parma-Grenzexpedition haben sich die Apparate trotz der ungünstigen Jahreszeit zur drahtlosen Zeitübertragung bzw. Ortsbestimmung als vorzüglich geeignet erwiesen.

Die Einrichtung einer weitreichenden Großfunkstelle zwecks Aussendung eines „Welt-Zeitsignals“ wurde im Jahre 1908 von der französischen Akademie der Wissenschaften dem Marineminister vorgeschlagen. In der von Mitgliedern der astronomischen, geographischen Schiffahrts- und physikalischen Abteilung herausgegebenen Denkschrift[1]) wird aus den eingangs geschilderten Gründen besonders großer Nutzen für die in See befindlichen Schiffe erwartet. In der Denkschrift heißt es: „Ein kurzer Rückblick auf die Entwicklung der Längenbestimmung zeigt, daß diese von der Zuverlässigkeit der Uhr, die die Zeit des ersten Meridians zeigt, abhängt; durch fehlerhafte Angaben der Seeuhren sind schon viele Schiffe gefährdet worden. Könnte nicht die

1) Comptes rendus hebdomadaires des séances de l'Académie des siences. CXLVI Nr. 13. Auszugsweise wiedergegeben in den „Annalen der Hydrographie und maritimen Meteorologie“, Berlin 1908, S. 229.

Funktelegraphie an Land wie auf See, und zwar für die ganze Erde, die Zeit eines ersten Meridians angeben?" Das Zeitzeichen sollte um Mitternacht abgegeben werden, damit es auf seinem Wege nach allen Richtungen halb um die Erde nicht durch den Einfluß der Sonne auf die elektrischen Wellen beeinträchtigt wird. Weiterhin sollte das Zeichen international sein, d. h. nur die Zeit eines festzusetzenden ersten Meridians angeben und nicht etwa nacheinander die Zeiten der verschiedenen Länder. Jedenfalls würde ein Weltzeitzeichen[1]) die Sicherheit der Seeschiffahrt sehr erhöhen und an Land die Längenbestimmung wesentlich vereinfachen. Mit solchen Zeitzeichen ausgerüstet, würden die auf See befindlichen Schiffe stets die richtige Zeit eines Anfangsmeridians kennen; durch diese Zuhilfenahme der Funktelegraphie wäre somit ein fehlerhafter Gang des Chronometers und ein Irrtum in der Ortsbestimmung in Zukunft ausgeschlossen.

a) Internationale Regelung des Zeitzeichendienstes.

Da alle Seefahrt treibenden Staaten ein großes Interesse daran haben, die allgemeine Durchführung eines geordneten funktelegraphischen Zeitzeichendienstes zu fördern, und die Frage der Einführung eines allgemeinen Zeitzeichendienstes für die Schiffahrt von internationaler Bedeutung ist, erließ im März 1909 Professor Dr. C. Tissot-Brest[2]) einen „Aufruf zur Bildung einer internationalen Kommission", der noch von einer Reihe von Fachleuten unterzeichnet war. Der Aufruf hat in deutscher Übersetzung folgenden Wortlaut:

„Als die drahtlose Telegraphie auf der Bildfläche des praktischen Verkehrs erschien, hatte man in Fachkreisen sofort die Idee, daß nunmehr auf Grund dieser neuen Methode der Signalgebung auch das Problem der geographischen Längenbestimmung auf dem Meere als praktisch gelöst betrachtet werden könne. Wenn trotzdem bis heute Seefahrer und Astronomen so wenig in dieser Frage interessiert erschienen, so ist dies wohl auf die Überlegung zurückzuführen, daß es verfrüht wäre, zu irgendeiner Neue-

---

1) Bereits vor Abfassung der Denkschrift hatte Bouquet de la Goye vorgeschlagen, den unterwegs befindlichen Schiffen die auf hoher See so schwierige Ortsbestimmung dadurch zu erleichtern, daß täglich zu bestimmter Nachtstunde funktelegraphisch ein Uhrenzeichen gegeben werden sollte. Einen gleichartigen Vorschlag machte Guyon; nur wollte er das Uhrenzeichen nicht von einer Station, sondern von vielen, zweckentsprechend ausgewählten Stationen auf Inseln und an den Küsten aller Erdteile ausgehen lassen.

2) Radiotelegraphische Zeitsignale für die Schiffahrt. Aufruf zur Bildung einer internationalen Kommission. Im Jahrb. d. drahtl. Telegraphie u. Telephonie, Heft 5, 1909, S. 443 ff.

rung in dieser Hinsicht überzugehen, ehe reiche Erfahrungen über die Anwendung der Hertzschen Wellen vorlagen. Heute sind wir jedoch auf einem Punkte angelangt, wo es nicht mehr begründet erscheint, das Studium solcher Fragen noch länger hinauszuschieben; die Zeit scheint vielmehr gekommen, um einen Fortschritt herbeizuführen, der für die Sicherheit der ganzen Schiffahrt von ungeheurer Bedeutung ist. In der Tat ist ja heute — wenigstens bei Nacht — ein absolut sicherer Verkehr zwischen kräftigen Landstationen und Schiffen auf mehrere tausend Meilen Entfernung leicht erreichbar, so daß man die Möglichkeit als gegeben betrachten kann, nach allen Punkten der Ozeane — einige wenige Regionen ausgenommen — verabredete Zeitzeichen zu senden durch eine Anzahl funktelegraphischer Stationen, die passend auf Inseln und an den Küsten der Kontinente zu verteilen wären.

Des weiteren ist man ja heute auch in weitesten Kreisen mit dem radiotelegraphischen Dienst vertraut, und die Empfangsanordnungen sind so einfach, daß einer allgemeinen Einführung auch auf Handelsschiffen nichts im Wege steht.

Ich hatte Gelegenheit, unter Beihilfe des Kommandanten Ferrié eine Reihe chronometrischer Vergleichsversuche zwischen dem Eiffelturm und Brest auszuführen. Diese haben gezeigt, daß durch radiotelegraphische Signale ein Unterschied in der Zeitübereinstimmung von etwa 0,5 Sekunden vorhanden war. Diese nahe Übereinstimmung erscheint vollständig ausreichend, wenn man bedenkt, daß eine Zeit von 4 Sekunden einer Äquatormeile entspricht. In meinem Berichte über diese Versuche der Zeitübermittlung hatte ich die Ehre, dem Bureau des Longitudes (Paris) den Vorschlag zu machen, einen täglichen Dienst für Zeitzeichen auf dem Eiffelturm einzurichten. Dieser Vorschlag, unterstützt durch Kommandant Guyon, ist von dem Bureau angenommen worden. Wenn man die Frage von einem mehr allgemeinen Gesichtspunkte untersucht, so erkennt man unschwer, daß es nicht möglich ist, den verschiedenen Mächten die unabhängige Initiative zur Errichtung solcher Zeitstationen zu überlassen.

Zunächst ist es klar, daß die Errichtung von Zeitstationen, deren Einflußzonen einander nahe sind und zum Teil zusammenfallen, zu Schwierigkeiten führen müßte, die noch nachteiliger wären als die Unsicherheit des augenblicklichen Zustandes, wenn nicht vorher gewisse Übereinkommen über den Signalmodus und die Wahl des Fundamentalmeridians getroffen worden sind. Auch ist dieses Problem der geographischen Längenbestimmung auf dem Meere schon seiner Natur nach ein internationales, dessen Lösung studiert werden muß von dem Gesichtspunkte der allgemeinen Schiffahrtsinteressen und auf Grund eines allgemeinen Planes, der auszuarbeiten ist von einer sowohl wissenschaftlich wie nautisch kompetenten Kommission, das heißt, von einer internationalen Kommission, die sich aus Vertretern der Wissenschaft und der Seeschiffahrt zusammensetzt."

Der Umstand, daß dieser Aufruf in einer rein technischen Zeitschrift erschien, dürfte die Ursache gewesen sein, daß er in dem Kreise der Astronomen und Nautiker, die das größte Interesse an einer internationalen Regelung des Zeitzeichendienstes hatten, ziemlich unbekannt blieb. Hierauf ist es auch zurückzuführen, daß im Jahre 1910 der frühere Direktor der Berliner Sternwarte, Geheimrat Förster, unabhängig von dem Vorschlage Tissots selbst mit dem Plan einer Internationalisierung des Zeitzeichendienstes an die Behörden herantrat.

Eine internationale Regelung war um so notwendiger, als die bisher von verschiedenen Staaten eingeführten Zeitzeichen (vgl. unter b), die ursprünglich nur für die Schiffahrt bestimmt waren, den wissenschaftlichen Anstalten (meteorologische, seismographische, erdmagnetische und ähnliche Institute) hinsichtlich der Genauigkeit nicht genügten. Während für das praktische Leben (Seefahrer, Uhrmacher usw.) die gewöhnlichen Zeitzeichen mit einer Genauigkeit von etwa $^1/_4$ Sekunde genügen, muß bei den Zeichen zu wissenschaftlichen Zwecken die höchste erreichbare Genauigkeit angestrebt werden. Bei einer internationalen Regelung mußte also zwischen gewöhnlichen und wissenschaftlichen Zeitzeichen unterschieden werden. Auch die Verschiedenheit der Aussendung wurde vielfach als unbequem empfunden; eine internationale Aussprache unter Fachleuten konnte daher einer Verbesserung des Zeitzeichendienstes — und zwar sowohl hinsichtlich der Technik der Zeichengebung als auch der Organisation eines die ganze Erde umspannenden Zeitzeichendienstes — nur förderlich sein.

Auf Veranlassung des Bureau des Longitudes berief die französische Regierung im Oktober 1912 eine Internationale Zeitkonferenz[1]) in der Sternwarte nach Paris, die den Zweck hatte, eine Verbesserung der funktelegraphischen Zeitzeichen anzuregen und die Grundlagen eines internationalen Abkommens zur Vereinheitlichung der Zeit zu beraten. Die starke Beteiligung der meisten Kulturstaaten an der Konferenz sprach für das Interesse, das den funktelegraphischen Zeitzeichen allseitig entgegengebracht wurde.

Die Beschlüsse der Konferenz sind, da die meisten der anwesenden Vertreter keine Vollmacht hatten, nur als Wünsche aufzufassen, die den beteiligten Regierungen unterbreitet werden sollten. Für die Pariser Zeitzeichen sind die Stunden 10 vorm. und Mitternacht vorgeschrieben; die Festsetzung auf 10 vorm. ist darauf zurückzuführen,

---

1) Vgl. Kohlschütter, Die internationale Zeitkonferenz zu Paris vom 15. Oktober bis 23. Oktober 1912. In „Annalen der Hydrographie usw.“ Bd. 40, Heft XII.

Lecointe, La Conférence Internationale de l'Heure de Paris et l'Unification de l'Heure. In La Vie internationale 1912. S. 43/60.

Thurn, Internationale funkentelegraphische Zeitsignale. In „Hansa“ Nr. 6/1913, S. 113 ff.

daß die Internationale Funkentelegraphenkonferenz 1912 bestimmt hat, daß meteorologische Nachrichten und Zeitzeichen zusammengelegt werden sollen, damit die Unterbrechung des öffentlichen Verkehrs nicht allzuoft stattfindet — die meteorologischen Nachrichten aber frühestens um 10 Uhr vorm. mitgeteilt werden können. Der mittlere Greenwicher Mittag ist als Beginn des astronomischen Tages festgehalten worden. Die einzelnen Stationen sind in das Schema derart eingefügt worden, daß keine gegenseitigen Störungen vorkommen.

Die vorläufigen Beschlüsse der Pariser Internationalen Zeitkonferenz lauten in freier Übersetzung folgendermaßen:

I.

Die Ergebnisse der Versuche und Forschungen über genaue Uhrzeit sind einem internationalen Ausschuß zu übergeben, der sie zu astronomischen Zwecken und für Landesaufnahmen ausarbeitet.

II.

1. Astronomische und ähnliche wissenschaftliche Institute sollen Vorrichtungen zur automatischen Registrierung der Zeitzeichen treffen.

2. Die Wahl der die Zeitzeichen aussendenden Funktelegramme soll so getroffen werden, daß man auf jedem Punkte der Erde wenigstens einmal am Tage und in der Nacht die Zeichen aufnehmen kann; die Zahl der wahrnehmbaren Stationen innerhalb 24 Stunden soll aber auch für keinen Punkt der Erde im allgemeinen mehr wie vier betragen.

3. Die Festlegung derjenigen Funkstellen, von denen die regelmäßige Zeitabgabe zu erfolgen hat, geschieht durch den internationalen Zeitausschuß (Commission internationale de l'Heure) mit dem Sitz in Paris.

Liste der Stationen,

die vom 1. Juli 1913 ab imstande sein werden, den Zeitzeichendienst einzuführen mit Angabe der Sendezeiten nach Greenwichzeit. (Der Tag wird nicht in 2 mal 12, sondern in 1 mal 24 Stunden eingeteilt).

Paris	0 h (Mitternacht)
Tsingtau (Kiautschou) .	0 h
San Fernando (Brasilien)	2 h
Arlington (Ver. Staaten)	3 h
Mogadiscio (Somaliland)	4 h
Manila	4 h
Timbuktu	6 h
Paris	10 h
Norddeich-Wilhelmshav.	12 h (Mittag)
Tsingtau (Kiautschou) .	12 h
San Fernando (Brasilien)	16 h
Arlington (Ver. Staaten)	17 h
Massauah (Erithräs) . .	18 h
San Francisco	20 h
Norddeich-Wilhelmshav.	22 h

Bei jeder noch neu hinzukommenden Zeitzeichenstation sind die Sendezeiten so zu regeln, daß Störungen und Verwechslungen mit anderen Stationen nicht eintreten können.

4. Die internationale Zeitkommission hat zu bestimmen, wann und in welcher Weise besondere funktelegraphische Zeichen für wissenschaftliche Zwecke ausgesandt werden dürfen; besonders kommen Versuche in Betracht, die den Zweck haben, die Einheitszeit praktisch festzulegen.

5. Die Zeitzeichen werden in gleicher Weise von allen Stationen nach dem nachstehenden Schema abgegeben:

57 m	0—50 s	x x x x
	55—56	Strich
	57—58	
	59—60	
58 m	8— 9	Strich
	10	Punkt
	18—19	Strich
	20	Punkt
	28—29	Strich
	30	Punkt
	38—39	Strich
	40	Punkt
	48—49	Strich
	50	Punkt
	55—56	Strich
	57—58	
	59—60	
59 m	6— 7 s	Strich
	8— 9	„
	10	Punkt
	16—17	Strich
	18—19	„
	20	Punkt
	26—27	Strich
	28—29	„
	30	Punkt
	36—37	Strich
	38—39	„
	40	Punkt
	46—47	Strich
	48—49	„
	50	Punkt
	55—56	Strich
	57—58	„
	59—60	„

Dauer eines	Striches	1 s,
„ „	Punktes	0,25 s,
„ „	Zwischenraumes	1 s.

6. Die Zeitzeichen werden von allen Stationen mit der Wellenlänge von etwa 2500 m gegeben. Da die modernen Radiostationen im allgemeinen musikalische Töne erzeugen, ist die Tonhöhe so hoch zu wählen, daß atmosphärische Störungen so wenig wie möglich Einfluß haben.

III.

1. Entsprechend der Genauigkeit, die bei astronomischen Zwecken und für Landesvermessungen zu beobachten ist, muß das Aussenden funktelegraphischer Zeichen für diese Zwecke mit der größten Sorgfalt geschehen.

2. Für Schiffe auf See sind die Zeitzeichen mit möglichst großer Energie und derartiger Genauigkeit abzugeben, daß sie den jetzigen Anforderungen der Schiffahrt entsprechen.

3. Für meteorologische und seismographische Zwecke und bei Messungen des Erdmagnetismus ist die Genauigkeit bis auf $^1/_2$ Sekunde ausreichend. Wenn sich in Zukunft Abänderungen als nötig erweisen sollten, ist es wünschenswert, daß die Genauigkeiten einer halben Sekunde und selbst einer Viertelsekunde festgelegt werden, und daß das Schema der Zeitzeichen möglichst einfach sei, damit die Zeichen von den einzelnen Beobachtern ohne lange Vorversuche aufgenommen werden können.

4. Falls auch Eisenbahnen und Privatleute sich die Zeitzeichen nutzbar machen, sind sie den Verhältnissen bzgl. Stärke und Genauigkeit anzupassen.

5. Die Telegraphenverwaltungen müssen einen besonderen Zeitdienst einführen, durch den die Uhrenkontrolle auf das genaueste vorgenommen wird. Die Telegraphenverwaltungen müssen Vorrichtungen treffen, die die Zeitabgabe an die einzelnen Telegraphenämter mit größter Genauigkeit ermöglichen, sei es durch ein allgemeines Zeichen zu einer bestimmten Stunde oder sei es, daß jedes Telegraphenamt für sich besonders ein Zeitzeichen erhält. Um das Verfahren nach Möglichkeit zu vervollkommnen, sollen die Telegraphenverwaltungen ihre Erfahrungen untereinander austauschen.

A. Bildung einer internationalen Zeitkommission.

1. Sowohl für die Wissenschaft wie für die Allgemeinheit ist eine einheitliche Uhrzeit von Bedeutung; vermittelst drahtloser Telegraphie soll eine solche geschaffen werden.

2. Die Zeit des Meridians von Greenwich ist maßgebend.

3. Es ist erforderlich, eine internationale Zeitkommission zu bilden, in welcher jeder der betr. Staaten durch Abgeordnete vertreten ist.

4. Von dieser Zeitkommission soll ein internationales Zeitbureau (Bureau international de l'Heure) mit dem Sitz in Paris gegründet werden, das die Innehaltung der Statuten für die Zeitzeichen usw. zu überwachen hat.

5. Die Ergebnisse der allgemeinen Zeitbestimmung werden diesem Bureau durch die nationalen Zentralstellen zugestellt, die ihrerseits die Beobachtungen der einzelnen Observatorien sammelt und daraus die genaueste Zeit bestimmt.

6. Bei wissenschaftlichen Feststellungen ist es ebenfalls Aufgabe des Bureaus, die Zeitbestimmungen der betr. Observatorien zu sammeln und daraus die genaue Zeit zu übermitteln.

7. Das internationale Zeitbureau wird die Vergleiche der Ergebnisse, die im allgemeinen nicht veröffentlicht werden, dem Geodätischen Institut in Potsdam einsenden, wo die Ergebnisse der Forschungen eingefordert werden können. Auf Wunsch können diese auch noch anderen wissenschaftlichen Instituten unmittelbar zugestellt werden.

8. Unter der Voraussetzung, daß dieses Programm durchgeführt werden kann, müßte eine vorläufige Kommission ernannt werden, die einen Plan zum Zusammenarbeiten der betr. Institute ausarbeitet, der dann den einzelnen Regierungen zur Genehmigung unterbreitet wird.

B. Verkehr mit der Association internationale des Académies.

Die Konferenz bittet die Akademie der Wissenschaften zu Paris, den Plan, eine internationale Zeitkommission zu gründen, der Association internationale des Académies zu unterbreiten, mit dem Hinweis, daß die Zeitkommission sich den Beschlüssen angliedert, die die Association internationale in London festgelegt hat.

C. Meteorologie.

Die Aufgaben der Meteorologie, die Radiotelegraphie für ihre Zwecke zu verwenden, zerfallen in drei Gruppen:

1. Das Aussenden meteorologischer Mitteilungen auf radiotelegraphischem Wege an besonders dazu bestimmten Empfangsstationen auf dem Lande oder auf dem Wasser.
2. Die Aufnahme der radiotelegraphischen Zeichen durch die dazu bestimmten Empfangsstationen und Weitergabe derselben an die meteorologischen Zentralstellen.
3. Das Studium meteorologischer Erscheinungen, die Einfluß haben auf die Wirkungsweise der drahtlosen Telegraphie.

Da diese Aufgaben jedoch nicht ohne weiteres gelöst werden können, wird die Bildung einer Sonderkommission, die sich hauptsächlich aus Meteorologen und Fachleuten der drahtlosen Telegraphie zusammensetzt, vorgeschlagen, um dem internationalen meteorologischen Komitee in der nächsten Sitzung Vorschläge zu unterbreiten. Hierbei ist zu erwägen:

1. daß die Zahl der meteorologischen Empfangsstationen, die vom Eiffelturm empfangen; möglichst groß gewählt wird;
2. daß die im Bau befindliche Radiostation in Brüssel in ausgedehntem Maße an der Erforschung der atmosphärischen Einflüsse auf die drahtlose Telegraphie mitarbeite.

D. Schiffahrt.

1. Es ist sehr zu wünschen, daß in kürzester Zeit alle Schiffe, sowohl Dampfer wie auch Segelschiffe, mit drahtlosen Apparaten zur Aufnahme der Zeitzeichen ausgerüstet werden.

2. Die Konferenz nimmt Kenntnis von dem Schriftwechsel, der zwischen den Abgeordneten der Vereinigten Staaten von Nordamerika und Großbritannien stattgefunden hat und die Eiswarnungen und Notanrufe vermittelst drahtloser Telegraphie behandelt. Sie erkennt den Wert der getroffenen Vereinbarungen zur Erhöhung der Sicherheit der Schiffahrt in vollem Maße an.

E. Wissenschaftliche Untersuchungen der Hertzschen Wellen.

Die Konferenz nimmt Kenntnis von der Zusammensetzung eines provisorischen Komitees, das den Zweck hat, die Erforschung der Hertzschen Wellen nach Maßgabe der vorhandenen Mittel zu organisieren.

Sie beglückwünscht aufrichtig Herrn Dr. Goldschmidt-Brüssel, der sich bereit erklärt hat, seine Radio-Groß-Station in Brüssel dem Komitee zur Verfügung zu stellen und eine Summe von Fr. 25000 für die Kosten der ersten Versuche ausgesetzt hat.

Die Konferenz wird nach Kräften die amtlichen Stellen für diese Forschungen zu interessieren suchen, deren Ergebnisse nicht nur in rein theoretischer und meteorologischer Beziehung von großer Tragweite sind, sondern auch für die Weiterentwicklung der drahtlosen Telegraphie im allgemeinen von erheblicher Bedeutung sein können.

Sie hält es für sehr wünschenswert, daß die Radiostation in Brüssel, trotzdem sie hauptsächlich dem öffentlichen Verkehr dienen soll, doch Zeit und Gelegenheit genug finden möge, an den internationalen Forschungen in ausgiebigster Weise teilzunehmen.

Nach den Beschlüssen der Zeitkonferenz sollte hiernach ein internationaler Zeitausschuß und ein Zeitamt in Paris als ausführende Geschäftsstelle eingerichtet werden. Diese internationale Zentralstelle sollte sowohl die regelmäßige Abgabe von Zeitzeichen für Schiffe auf See überwachen, wie auch das Aussenden von funktelegraphischen Zeichen zu wissenschaftlichen Zwecken regeln. Die astronomischen Observatorien und ähnlichen Institute sollten ihre Beobachtungen, die sie mit Hilfe der Funkstellen machen, beim Bureau International niederlegen, wo auf Grund dieser Beobachtungen die genaue Zeit bestimmt und auf funktelegraphischem Wege einheitlich von den Großfunkstellen der ganzen Welt mitgeteilt werden sollte.

Der Abschluß eines internationalen Abkommens sowie die Gründung eines Zeitausschusses und eines Zeitamtes dürfte sowohl einen praktischen Nutzen, als auch einen Vorteil für die Wissenschaft haben. Nach Beseitigung der bisherigen Mißstände müßte der Ausschuß dafür sorgen, daß nach zweckmäßiger Verteilung der Sendestellen der Seefahrer an jedem Punkt des Ozeans eine sichere Ortsbestimmung wird vornehmen können; durch die Verbreitung der Zeichen über die ganze Erde wird es allen wissenschaftlichen Instituten und Expeditionen möglich gemacht, ohne eine Zeitbestimmung die richtige Zeit zu haben, wodurch eine wesentliche Zeitersparnis und Arbeitserleichterung herbeigeführt wird.

In den Verhandlungen über die Schaffung einer internationalen Organisation der drahtlosen Zeitzeichen wurde man sich Anfang 1913 darüber einig, daß zunächst ein vorläufiges Abkommen auf einige Jahre abgeschlossen werden müsse, und Paris als Sitz der Organisation und des zu schaffenden Bureaus zu wählen sei. Auf der Ende Oktober 1913 stattgefundenen Pariser Zeitkonferenz, auf der 31 Staaten vertreten waren, kam ein Vertrag — Internationales Übereinkommen über die Gründung einer internationalen Zeit-Vereinigung — zustande, der mit dem Jahre 1920 ablaufen sollte, wenn man sich nicht vorher ausdrücklich über eine etwaige Verlängerung einigen sollte. Der Vertrag und die Statuten geben nur den allgemeinen Rahmen für die Organisation der Internationalen Zeit-Vereinigung. In welcher Weise der Zeitdienst sich praktisch abwickeln wird, insbesondere wie die Internationale Zeitdienststelle und die einzelnen nationalen Zentralstellen bei der Abgabe der Zeitzeichen zu verfahren haben, und wie sich das Zusammenarbeiten der Dienststellen zu gestalten hat, sollte besonders geregelt werden. Insbesondere stand die genaue Art der Zeichengebung noch nicht fest. Bis zur endgültigen Enscheidung konnte daher Deutschland sein bisheriges Verfahren beibehalten.

Aus den Satzungen sind von besonderem Interesse die Ausführungen über das Internationale Zeitamt, das nach Artikel 9 folgende Aufgaben hat:

1. Was die gewöhnlichen Zeichen betrifft, die Ergebnisse der Bestimmungen der Einheitszeit, ausgedrückt in Greenwicher Zeit, zu sammeln, die ihm von den einzelstaatlichen Hauptzeitstellen übermittelt werden, die ihrerseits die Aufgabe haben, so genau wie möglich das Mittel aus den von den Sternwarten ihres Landes angestellten Zeitbestimmungen zu bilden. Die Ergebnisse sind so schnell wie möglich den Gebestellen und den einzelstaatlichen Hauptzeitstellen mitzuteilen.

2. Was die wissenschaftlichen Signale betrifft, die Zeitbestimmungen der zur Vereinigung gehörigen Sternwarten zu sammeln und daraus die Zeit so genau als möglich abzuleiten.

Das internationale Zeitamt veröffentlicht die Ergebnisse seiner Vergleichungen. Sollten Ergebnisse nicht alsbald veröffentlicht werden, so teilt es sie in ihren Einzelheiten auf Verlangen dem Zentralbureau der Internationalen Erdmessung in Potsdam und ebenso den übrigen amtlichen wissenschaftlichen Vereinigungen und Anstalten mit.

Ein bestimmtes Datum über Inkrafttreten des Vertrages war nicht angegeben; das Abkommen ist bis heute nicht in Kraft getreten. Wir wollen hoffen, daß die geplante internationale Organisation des Zeitzeichendienstes, die sowohl für das praktische Leben, wie für die Wissenschaft Nutzen zu bringen verspricht, bald in Tätigkeit treten wird.

b) Interne Regelung des funktelegraphischen Zeitzeichendienstes vor dem Kriege.

Die ersten funktelegraphischen Zeitzeichen wurden 1907 in Kanada von der Funkstelle Camperdown auf Halifax gegeben, der die richtige Zeit vom Observatorium von St. John N. Br. übermittelt wurde. Bald darauf wurden auch in den Vereinigten Staaten Zeitzeichen nach Angaben des Naval Observatory in Washington durch die Funkstelle Arlington ausgesandt.

Auch in Deutschland war das Reichsmarine-Amt und das Reichs-Postamt schon seit 1906 bestrebt, eine Küstenfunkstelle in den Zeitzeichendienst einzustellen. Die Inbetriebnahme der Einrichtungen bei der Küstenfunkstelle Norddeich konnte jedoch infolge widriger Umstände erst 1910 erfolgen. Etwas später als Norddeich begann auch die Großstation des Eiffelturms in Paris Zeitzeichen nach den Zeitbestimmungen der Pariser Sternwarte zu funken. Seit März 1910 gab Norddeich zweimal täglich Zeitzeichen, die die mittlere Greenwicher Mittags- und Mitternachtszeit angaben. Durch das diesem Zeitzeichen zugrunde liegende System[1]) sollte eine wertvolle Zeitvergleichung auch dann noch ermöglicht werden, wenn einzelne Zeichen überhört oder durch äußere Störungen unkenntlich geworden sein sollten. Bei einiger Aufmerksamkeit konnte der Beobachter, wenn ihm einzelne Zeichen entgangen sein sollten, unter Berücksichtigung der Pausen von planmäßig verschieden langer Dauer feststellen, welcher Gruppe die vorhergegangenen oder folgenden Zeichen angehören und welche Sekunde sie anzeigen. Besonders wichtig war es auch, daß der letzte Strich, der die Mittagszeit bzw. die Mitternachtszeit angibt, durch ein darauf folgendes Schlußzeichen ·—·—· besonders kenntlich gemacht wurde. Um die pünktliche Abgabe der Zeitzeichen zu sichern, dienten folgende Einrichtungen: In Norddeich befand sich eine astronomische Präzisionsuhr, deren richtiger Gang vom Observatorium in Wilhelmshaven kontrolliert wurde. Die Präzisionsuhr war mit einer automatischen Sendevorrichtung versehen, die zu den angegebenen Zeitpunkten die funktelegraphischen Apparate so in Tätigkeit setzte, daß alle für die Zeitsignale erforderlichen Zeichen in der vorgesehenen Weise und zu den bestimmten Zeitpunkten selbsttätig, d. h. ohne daß ein Beamter die Taste zur Hand zu haben brauchte, gegeben wurden. Um die Auslösung der Sendevorrichtung durch die astronomische Uhr genau zu der vorgeschriebenen Sekunde sicherzustellen, war die Uhr mit einem Korrigierwerk versehen. Dieses Korrigierwerk wurde täglich mittels einer vorhandenen Leitung über das Telegraphenamt in Wilhelmshaven auf einige Minuten mit dem dortigen Observatorium verbunden und empfing von dort einen Korrektionsstrom, wodurch jedes etwaige Vor- und Nachgehen der Norddeicher Uhr unschädlich gemacht wurde. Ging diese Uhr z. B. um 2 Sekunden vor, so erschien das wirkliche Mittagszeichen 12 Uhr 0 Min. 0 Sek. Greenwicher Zeit erst dann, wenn die Norddeicher Uhr 12 Uhr 0 Min. 2 Sek. zeigt; wenn im umgekehrten Falle die Uhr 2 Sekunden nachging, so erschien das Mittagszeichen, wenn die Uhr 11 Uhr 59 Min. 58 Sek. zeigte. Es lag also dasselbe bewährte Prinzip

1) „Funktelegraphischer Zeitsignaldienst der Station Norddeich" in der Deutschen Verkehrszeitung vom 29. 7. 1910.

zugrunde, das bei der selbsttätigen Auslösung von Zeitbällen durch Präzisionsuhren Anwendung findet.

Wenngleich bei solchen mechanischen Einrichtungen Störungen nicht unter allen Umständen ausgeschlossen sind, so werden sie doch meistens rechtzeitig von den Stationsbeamten erkannt, so daß den Schiffen von der Unkorrektheit des Zeitzeichens nach Beendigung der Übermittlung durch die Worte: „Zeitsignal ungültig" Kenntnis gegeben werden kann. Die Aufnahme der Zeichen bei der Bordfunkempfangsstelle erfolgt durch Morseschreiber oder Hörer. Der Vergleich mit der Chronometerzeit geschah unter Zuhilfenahme der Beobachtungsuhr. Die vorstehend geschilderte, selbsttätig wirkende Einrichtung, die nach dem damaligen Stande der Technik die möglich größte Sicherheit für eine pünktliche und zuverlässige Abgabe der Zeitzeichen bot, hat sich in der Folgezeit durchaus bewährt.

c) Regelung des Zeitzeichendienstes in Deutschland nach dem Kriege.

Nachdem zuerst, wie vorhin ausgeführt, die in Norddeich aufgestellte Gebevorrichtung (Chronograph) vom Observatorium in Wilhelmshaven reguliert worden war, wurden Ende 1913 Versuche angestellt, das Uhrenzeichen dahin zu ändern, daß es nicht mehr von dem Chronograph in Norddeich, sondern von einer im Observatorium in Wilhelmshaven — unter Zwischenschaltung eines Relais in Norddeich — aufzustellenden Uhr ausgelöst wurde. Aus militärischen Gründen mußten im Jahre 1916 der tönende Sender von Norddeich stillgelegt und die Abgabe des Zeitzeichens eingestellt werden. Für kurze Zeit gab dann die deutsche Militärfunkstelle in Brügge (Belgien) solche Zeichen, wobei das von der deutschen Marine eingerichtete Observatorium in Ostende für die Zeitangaben sorgte. Die Erfahrungen des Krieges machten es im Januar 1917 notwendig, die Zeitzeichen durch die Großfunkstelle Nauen aussenden zu lassen. Die Auslösung der Zeichen erfolgte hierbei durch eine bei der Sternwarte in Bergedorf aufgestellte Uhr[1]) unter Einschaltung geeigneter Relais über eine von der Reichs-Telegraphenverwaltung zur Verfügung gestellte Kabelader um 1 Uhr V. und 1 Uhr N. (12 Uhr Mitternacht und 12 Uhr

---

1) Vgl. Schorr und Dolberg, „Über eine Kontakteinrichtung zur Abgabe der internationalen funkentelegraphischen Zeitsignale" in der Zeitschrift für Instrumentenkunde, 33. Jahrg., S. 141/145. Ferner: Wanach, „Ein neuer Signalgeber für die internationalen funkentelegraphischen Zeitsignale", a. a. O., 39. Jahrg., S. 27/30.

Mittags; mittlere Greenwich-Zeit) mit der 3900 m-Welle durch die B-Antenne. Von den 720 vorgesehenen Zeitzeichen fielen im Jahre 1917 25, im Jahre 1918 22 und im Jahre 1919 34 Zeichen wegen Störungen der Leitung oder der Sendeeinrichtung Nauen—Bergedorf aus; in letzter Zeit betrug das Mittel der Abweichungen 0^s06, was eine ziemlich große Genauigkeit bedeutet.

Seit dem 1. November 1919 geschieht die Auslösung des Nauener Zeitzeichens durch die Deutsche Seewarte in Hamburg. Der richtige Durchgang des Zeitzeichens auf den vor Zusammenschaltung hinsichtlich der Betriebsfähigkeit geprüften Leitungen Hamburg—Nauen wird in Hamburg von einem besonders hiermit beauftragten Beamten überwacht. Während bis zu Beginn dieses Jahres oberirdische Telegraphenleitungen für die Zeitzeichenabgabe benutzt wurden, die aber wiederholt Störungen ausgesetzt waren, ist nunmehr das Telegraphenkabel Berlin—Hamburg in Nauen angeschnitten und durch eine Anschlußkabelleitung in die Großfunkstelle eingeführt worden. Hierdurch ist eine störungsfreie Abgabe der Zeitzeichen gewährleistet.

Mit der Übernahme des Zeitzeichens durch die Deutsche Seewarte gelangte eine neue Auslösemethode zur Anwendung. Abgabezeit und Art blieben die gleiche; die Abgabe der Zeitzeichen erfolgt mit der 3100 m Wellenlänge durch den Tonfunkensender mit der B-Antenne und soll demnächst auf derselben Welle mittels der 130 MK-Hochfrequenzmaschine ungedämpft mit Tonüberlagerung gegeben werden; gleichzeitig geschieht sie jetzt auf der Welle 12600 m durch die 400 MK-Hochfrequenzmaschinenanlage, die an die A-Antenne angeschlossen ist; während ferner bisher sämtliche Zeitzeichen über die Kabelader geleitet wurden, wird nunmehr die Auslösung der Zeichen[1]) nur noch durch zwei kurze Stromstöße bewirkt. Die Auslöseuhren, Richtersche Sekundenpendeluhren von großer Genauigkeit, sind in der Seewarte Hamburg aufgestellt. Auf der Stundenachse dieser Uhr sowie auf der Minutenachse und auf der Achse des Steigerades (eine Umdrehung in einer Minute) sind kreisrunde, mit Schlitzen versehene Scheiben angebracht. Beim Gang der Uhren fallen in gewissen Zeitabständen Hebel in die Schlitze und schließen dadurch einen Kontakt. Die drei Kontakte sind in Serie geschaltet, so daß ein Strom nur hindurchfließen kann, wenn alle drei Kontakte gleichzeitig geschlossen sind.

1) Eine ausführliche Darstellung dieser Auslösemethode ist enthalten in der Arbeit von Dr. Mahnkopf, „Die funkentelegraphischen Zeitsignale der Großfunkstelle Nauen“ in „Deutsche Uhrmacher-Zeitung“, Nr. 13, 15 17, 1922.

Der erste Kontakt ist etwa 40 Minuten und zwar von 12 h 40 m bis 1 h 20 m vor- und nachm., der zweite entsprechend den zwei Schlitzen der Scheibe zweimal jede Stunde von 12 h 54 m 30 s bis 12 h 55 m 20 s und von 12 h 56 m 30 s bis 12 h 57 m 20 s geschlossen. Der dritte Kontakt wird jede Minute von 55 Sekunden bis 57 Sekunden geschlossen. Die Hintereinanderschaltung der drei Kontakte bewirkt somit Stromschluß von 12 h 54 m 55 s bis 57 s und 12 h 56 m 55 s bis 57 s vor- und nachm. M. E. Z. Hierdurch wird ein polarisiertes Relais betätigt, das seinerseits den Telegraphierstrom schließt. In

Fig. 1. Vorsignalgeber.

Nauen ist wiederum ein polarisiertes Relais aufgestellt, das durch den ersten Stromstoß um 12 h 54 m 55 s bis 57 s M. E. Z. den Vorsignalgeber (Fig. 1) auslöst. Der Vorsignalgeber besitzt zwei Kontaktscheiben, in die die Vorsignale (vgl. Zeitzeichenschema Fig. 4), bestehend aus 20 „V“, dem Anrufzeichen, dem Kennwort von Nauen „Poz“ und M. G. Z. (mittlere Greenwich-Zeit) eingeschnitten sind. Die Kontaktscheiben werden nach erfolgter Auslösung durch Gewichtsantrieb in Umdrehungen versetzt.

Nach Ablauf des Vorsignalgebers steht der Hauptsignalgeber (Fig. 2) zur Auslösung durch den zweiten Stromstoß um 12 h 56 m 55 s M. E. Z. bereit. Der von Prof. Wanach, Potsdam, gebaute Hauptsignalgeber besteht im wesentlichen aus einem gewöhnlichen Sekundenpendelwerk, welches die am Rand mit entsprechenden Zähnen versehene Zeitzeichenscheibe in 200 Sekunden einmal herumdreht. Rechts neben der Scheibe ist ein Kontaktfederpaar angeordnet, das einen

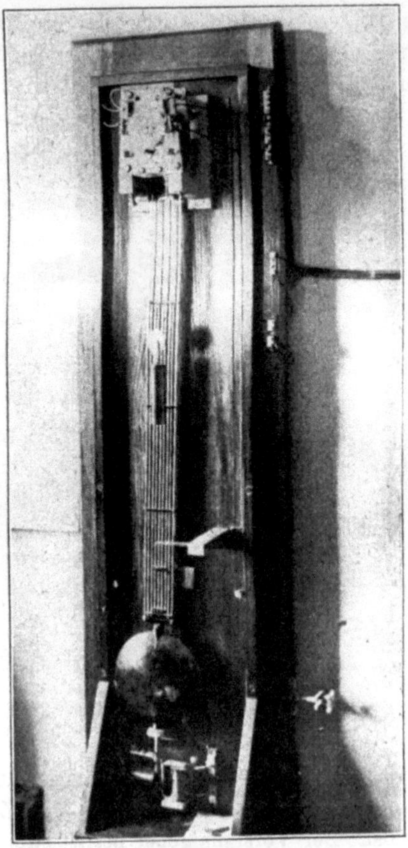

Fig. 2. Hauptsignalgeber.

Stromkreis schließt, sobald ein Zahn der Scheibe die längere Feder durch ein daran befestigtes Stahlstück an die andere Feder herandrückt. Die den Punkten der Zeitzeichen entsprechenden spitzen Zähne geben einen Stromschluß von 0,1 s Dauer, während die breiten Strichzeichen eine volle Sekunde Stromschluß verursachen. Durch den Stromschluß des Kontaktfederpaares erfolgt die Betätigung eines Ferndruckerrelais von Siemens & Halske, das wiederum das Zwischenrelais des Tonfunkensenders betätigt.

Über die Auflösung und Arretierung des Pendels sei folgendes erwähnt: Im Ruhezustande hakt die untere Spitze des Pendels hinter dem beweglichen Anker eines Elektromagneten fest. Erfolgt der Stromstoß von der Seewarte Hamburg, so wird der bewegliche Anker angezogen, gibt das Pendel frei und wird durch den beweglichen Anker eines zweiten Magneten angehalten. Nach vollendetem Umlauf der Scheibe um 1 h 0 m 14 s M. E. Z. drückt ein an der Zeichenscheibe angebrachtes Metallstück ein auf der linken Seite der Zeichenscheibe

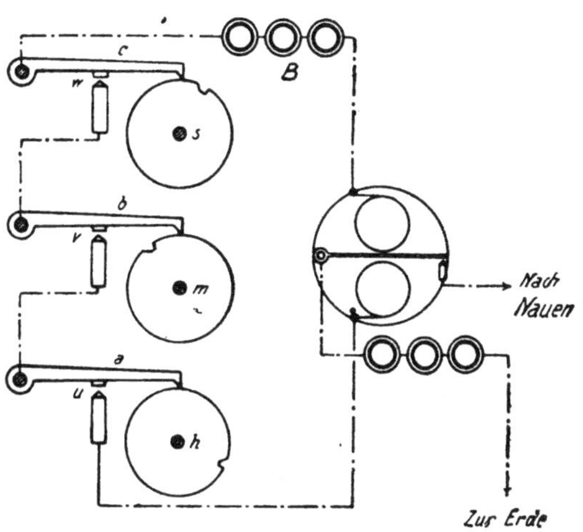

Fig. 3.

befestigtes Kontaktfederpaar zusammen; hierdurch wird ein Stromstoß in den zweiten Festhaltmagneten geschickt, der federnde Anker des ersten Magneten freigegeben und das Pendel hakt sich beim Linksausschlag wieder ein, bis 12 Stunden später der nächste Auslösungsstromstoß erfolgt.

Der Gang der Auslöseuhren in der Seewarte, die im Zeitdienstzimmer aufgestellt sind, ist derart genau, daß die tägliche Korrektion, die durch Vergleich mit den astronomischen Präzissionsuhren der Seewarte erfolgt, nur wenige hundertstel Sekunden beträgt. Über die neuen Kontakteinrichtungen dieser beiden Präzisions-Pendeluhren macht Mahnkopf (a. a. O. S. 191) folgende Angaben: „Auf der Stundenachse *h* (vgl. Fig. 3), der Minutenachse *m* und der Steigradachse *s* ist je eine mit einem Schlitz versehene Scheibe befestigt. Auf den Peripherien dieser Scheiben ruhen die Kontakthebel *a*, *b*, *c*. Die Kontakte *u*, *v* und *w* sind geschlossen, wenn die Nasen der Kontakthebel in den Einschnitten ruhen. Die Breite der Einschnitte ist so bemessen, daß *u* etwa 30 Minuten, *v* etwa 40 Sekunden und *w* 2 Sekunden geschlossen bleibt, und die Scheiben sind so auf ihre Wellen aufgesetzt, daß *u* von 12 h 40 m bis 1 h 10 m, *v* von 56 m 40 s bis 57 m 20 s und *w* von 55 s bis 57 s geschlossen bleibt. Der Strom der Batterie *B*, die eine Spannung von 4 Volt hat, kann die Uhr nur dann passieren, wenn alle drei Kontakte gleichzeitig geschlossen sind. Das ist aber nur von 12 h 56 m 55 s bis 57 s der Fall, also genau zu derselben Zeit, in der die Auslösung des Nauener Hauptsignalgebers zu erfolgen hat. Der Strom der Batterie *B* erregt die Spulen eines Telegraphenrelais, und dieses schickt den Stromstoß in die nach Nauen führende Telegraphenleitung. Maßgebend für den Moment der Auslösung des Signalgebers ist natürlich der Beginn des Stromstoßes; seine Dauer ist gleichgültig; es würde z. B. auch genügen, wenn der Kontakt *w* nur 1 s lang geschlossen bliebe.“

Die richtige Zeit wird durch astronomische Zeitbestimmung unter Benutzung eines Passageinstrumentes von Bamberg, Berlin, bei sichtigem Wetter in Zwischenräumen von fünf Tagen gemacht. Durch eine Funkempfangsanlage der Deutschen Seewarte wird jedes Nauener Zeichen durch Übertragung der Zeichen auf einen Chronographen genau geprüft. Sofort nach Beendigung einer jeden Zeitzeichenaufnahme wird die auf den Chronographen geschaltete Vergleichsuhr mit den astronomischen Pendeluhren verglichen und berechnet, um wieviel Hundertstelsekunden die Zeichen gemäß der Registrierung zu früh oder zu spät gegeben worden sind. Außerdem beobachtet das Geodätische Institut in Potsdam die Abgabe der Zeitzeichen, und sendet nach jeder Beobachtung an die Seewarte ein Telegramm mit der aus der Zeitbestimmung errechneten Korrektion — die endgültigen Verbesserungen der Zeitzeichen werden monatlich veröffentlicht —, so daß das heutige Nauener Zeitzeichen auch den Anforderungen der Wissenschaft hinsichtlich möglichst großer Genauigkeit voll genügen dürfte.

Die Form der Hauptsignale läßt sich dem Gedächtnis leicht einprägen. Das Zeitzeichen (Fig. 4) besteht nämlich aus 10 Punktsignalen, die in den Minuten 58 und 59 zu den Sekunden 10, 20, 30, 40, 50 erfolgen; in der Minute 58 geht dem Punktsignal ein Strichzeichen voraus, in der Minute 59 gehen zwei Strichzeichen voraus. Außerdem wird in den letzten 3 Minuten von 55 Sekunden bis 60 Sekunden eine Gruppe von drei Strichzeichen abgegeben, deren Ende der vollen Minute entspricht. Alle Strichzeichen haben eine Länge von 1 Sekunde und einen Abstand von 1 Sekunde vom nächsten Zeichen. Diese Methode der Zeichengebung wurde auf der Pariser Zeitsignalkonferenz festgelegt und wird heute außer von Nauen noch von einer Anzahl

M. Z. Gr.		Zeichen	Bedeutung der Zeichen
11^h 23	$55^m\ 0^s - 56^m\ 0^s$	···— ···— ···— usw.	vvv...., zur Abstimmung [dienend
	$56^m\ 16^s - 56^m\ 40^s$	—·—·—	Achtung
		·——· ——— ——··	POZ (Kennzeichen von
		—— ——· ——··	MGZ [Nauen)
	$57^m\ 0^s - 57^m\ 47^s$	—··— —··— usw.	xxx... (im Sekunden- [tempo gegeben)
	$57^m\ 55^s - 58^m\ 0^s$	55 56 57 58 59 0	Hauptsignale
	$58^m\ 8^s - 58^m\ 10^s$	8 9 10	
	$58^m\ 18^s - 58^m\ 20^s$	18 19 20	
	$58^m\ 28^s - 58^m\ 30^s$	28 29 30	
	$58^m\ 38^s - 58^m\ 40^s$	38 39 40	
	$58^m\ 48^s - 58^m\ 50^s$	48 49 50	
	$58^m\ 55^s - 59^m\ 0^s$	55 56 57 58 59 0	
	$59^m\ 6^s - 59^m\ 10^s$	6 7 8 9 10	
	$59^m\ 16^s - 59^m\ 20^s$	16 17 18 19 20	
	$59^m\ 26^s - 59^m\ 30^s$	26 27 28 29 30	
	$59^m\ 36^s - 59^m\ 40^s$	36 37 38 39 40	
	$59^m\ 46^s - 59^m\ 50^s$	46 47 48 49 50	
	$59^m\ 55^s - 0^m\ 0^s$	55 56 57 58 59 0	
12^h 0	$0^m\ 4^s - 0^m\ 10^s$	4 5 6 7 8 9 10	Schlußzeichen

Fig. 4. Schematische Darstellung des Nauener Zeitzeichens.

anderer Funkstellen der Erde gegeben. Man kann sich die Anordnung der Zeitzeichen leicht an dem Kennwort „onogo“ merken, indem die Zeitzeichen aus dem Morsebuchstaben

o — — — 1 mal
n — · 5 mal
o — — — 1 mal
g — — · 5 mal
o — — — 1 mal

zusammengesetzt angesehen werden können. Wenn der letzte der drei

Striche endet, ist es genau 1 Uhr M. E. Z. Darauf folgt das internationale Schlußzeichen.

Nachdem der Beobachter der Zeitzeichen die Einstellung des Empfangsapparats auf die Nauener Sendewelle mit Hilfe der Vorsignale bewirkt hat, faßt der Beobachter beim Hörempfang das Eintreten der zu den Zehnersekunden erfolgenden Punktsignale sowie das Ende der zu vollen Minuten erfolgenden Dreistrichsignale auf, indem er gleichzeitig den Blick auf den Sekundenzeiger der Beobachtungsuhr richtet, wodurch die Sekundenangabe der Beobachtungsuhr zur Zeit des Greenwicher Mittags bzw. der Greenwicher Mitternacht leicht festgestellt wird. Bei diesem Aufnahmeverfahren, bei dem sich im allgemeinen nur eine Genauigkeit von einigen Zehntelsekunden erreichen läßt, können die kleinen Fehler von astronomischer Größenordnung, mit der die Signalabgabe behaftet ist, als unbedeutend vernachlässigt und die Zeichen als absolut richtig angenommen werden.

Wenn in Störungsfällen die Abgabe des Zeitzeichens unterbleiben muß, wird die Meldung „Zeitsignal fällt aus" abgegeben. Sollten Ungenauigkeiten bei der Abgabe des Zeitzeichens auftreten, so wird sogleich nach Beendigung des Zeitzeichens ein Irrungszeichen (zweimal acht schnell aufeinander folgende Punkte) und darauf die Meldung „Zeitsignal ungültig" abgegeben. Während der Abgabe des Zeitzeichens herrscht im Funknetz der R. T. V., bei den Anlagen anderer Behörden und den privaten Funkanlagen Funkstille.

d) Zeitzeichenempfänger in Deutschland.

Nach dem Gesetz über das Telegraphenwesen des Deutschen Reiches vom 6. April 1892 und der Novelle vom 7. März 1908, fallen Funk-Telegraphenanlagen unter die Telegraphenanlagen im Sinne des Gesetzes und sind daher in das Telegraphenregal[1]) einbegriffen. Auch Empfangsanlagen allein unterliegen der Genehmigung des Reiches. Im Interesse der Weiterentwicklung und Vervollkommnung der Funktelegraphie wird den Versuchsanlagen und Zeitsignalempfangsanlagen auf dem Lande bei Erteilung der Genehmigung in weitgehendstem Maße entgegengekommen. Die tatkräftige Förderung, die die Reichs-Telegraphenverwaltung in jeder Beziehung der wissenschaftlichen Ergründung und technischen Weiterbildung des neuen Verkehrsmittels hat angedeihen lassen, bürgt dafür, daß solchen Anlagen Kontroll- und Betriebsvorschriften nur soweit auferlegt werden, als die Sicherheit des öffentlichen Verkehrs dies erfordert.

In jüngster Zeit sind in Deutschland eine Reihe funktelegraphischer

1) Vgl. Thurn, „Die Funkentelegraphie im Recht", München 1913.

Empfangsapparate in Betrieb genommen worden, die den Zweck haben, das Nauener Zeitzeichen aufzunehmen. Die Genehmigung wird nur Gruppen von Interessenten (Uhrmacherschulen, Zentraluhrenanlagen, Normal-Zeitgesellschaften) erteilt, falls die Prüfung der Umstände keine Bedenken ergibt; auch an einzelne gewerblich interessierte Personen (Uhrmacher, Uhrenfabriken, großen Werken usw.) wird die Genehmigung erteilt, wenn durch die Persönlichkeit des Inhabers die Gewähr gegeben ist, daß ein Mißbrauch der Anlage ausgeschlossen ist. Privatpersonen, die lediglich persönliche Interessen nachweisen, wird die Genehmigung nicht erteilt. Mit Rücksicht auf die Wahrung des Telegraphengeheimnisses, legt die Reichs-Telegraphenverwaltung den Interessenten zur Zeit besondere Bedingungen auf, von denen die wichtigsten Punkte folgende sind:

1. Die Genehmigung zur Errichtung und zum Betrieb der Funkempfangsanlage erfolgt unter dem Vorbehalt des Widerrufs. Eine Übertragung der Genehmigung an andere Personen ist unzulässig.

2. Die Anlage darf nur zum Empfang der von der Station Nauen zur Zeit mit einer Wellenlänge von 3100 m gegebenen Zeitzeichen benutzt werden. Eine Änderung dieser Wellenlänge bleibt vorbehalten.

3. Die Anlage muß folgenden technischen Anforderungen entsprechen:

a) Die Antenne darf nicht größer, die Kopplung zwischen Antenne und Detektorkreis nicht fester sein, als für den beabsichtigten Empfang ausreicht.

b) Die Einzelteile der Schwingungskreise — auch des Antennenkreises — müssen durch Lötung dauernd fest verbunden sein; nur an den Anschaltestellen der Detektoren und Fernhörer sind Ausnahmen zulässig.

c) Die Lötstellen müssen sich innerhalb eines Gehäuses befinden, das alle Apparatteile enthält und durch Plomben so zu verschließen ist, daß dem Inhaber der Anlage nur die Anschaltestellen von Detektor und Fernhörer zugänglich bleiben. Für die Antennenführung außerhalb dieses verschlossenen Teils ist Draht mit einer festen zusammenhängenden Isolierhülle zu verwenden.

d) Die nachträgliche Anschaltung von Leitungen oder von Abstimmitteln ist untersagt.

Von den übrigen Bedingungen ist noch von besonderem Interesse die Bestimmung, wonach die Anlage so auszuführen und zu unterhalten ist, daß eine Berührung oder störende Beeinflussung von Reichs-Telegraphen- und Fernsprechleitungen nicht stattfinden kann. Etwaige

Kosten zur Beseitigung solcher Störungen sind vom Inhaber der Anlage zu tragen. Die Beauftragten der Reichs-Telegraphenverwaltung haben das Recht, die Räume, in denen sich die Empfangsanlagen oder Teile derselben befinden, zu betreten und von den getroffenen Vorrichtungen Kenntnis zu nehmen. Der Inhaber der Anlage ist unter voller Verantwortlichkeit verpflichtet, dafür zu sorgen, daß etwa aufgefangene Nachrichten anderer Funkanlagen geheim gehalten und nicht verwertet werden. Er ist auch für die Bewachung der Anlage und für die Verhinderung ihrer widerrechtlichen Benutzung durch Unbefugte verantwortlich. Bei Zuwiderhandlungen wird die Genehmigung zurückgezogen.

Als Entschädigung für Verwaltungskosten, die der Reichs-Telegraphenverwaltung durch die Bearbeitung der Anträge auf Zulassung und durch die Abnahme und Überwachung der Anlagen erwachsen, hat der Inhaber der Anlage z. Z. eine jährliche Gebühr von 360.— M an die Reichs-, Post- und Telegraphenverwaltung zu entrichten, wenn es sich um Anlagen für Uhrmacher, Uhrenfabriken, Uhrmacherschulen, Zentraluhrenanlagen und Normalzeitgesellschaften handelt. Für Anlagen bei größeren Unternehmungen wie Bergwerken, Fabriken, Kleinbahnen usw., wo zwar nicht wie bei Uhrmachern usw. ein berufliches Interesse vorliegt, aber ein Bedürfnis für die Aufnahme des täglichen drahtlosen Zeitzeichens im Hinblick auf den Umfang und die Art des Betriebesanerkannt werden muß, beträgt die Gebühr z. Z. jährlich 720.— M Eine Ausnutzung der Einrichtung zu marktschreierischen Reklamezwecken ist untersagt.

Anträge auf Genehmigung solcher Anlagen müssen von den Interessenten der zuständigen Ober-Postdirektion vorgelegt werden, die die Anträge an das Telegraphentechnische Reichsamt zur Entscheidung weitergibt. Für Anlagen, bei denen die grundsätzlichen Voraussetzungen für die Genehmigung nicht voll erfüllt sind oder sonst irgendwelche Zweifel bestehen, bleibt die Entscheidung dem Reichspostministerium vorbehalten. Nach erfolgter Genehmigung wird die Zeitzeichenempfangsanlage von der Fachfirma montiert und abgestimmt. Hierauf veranlaßt die Ober-Postdirektion die Abnahme der Anlage durch einen Vertreter der Reichs-Telegraphenverwaltung.

Die Fachindustrie (besonders Telefunken und Huth) hat einfache Empfangsapparate konstruiert, deren Anschaffung Privatleuten mit billigen Mitteln möglich ist. Auf den von der Gesellschaft für drahtlose Telegraphie (Telefunken) hergestellten und zum Betrieb zugelassenen Zeitzeichenempfänger soll hier kurz eingegangen werden.

Der Telefunken-Zeitzeichenempfänger E 49 b (vgl. Fig. 5 u. 6) enthält in einem verschlossenen und plombierten Holzgehäuse sämtliche Abstimmorgane, während Hörer und Detektor von außen zugänglich sind. An den Seiten des Gehäuses liegen die Anschlüsse für die Antenne und die Erde. An der Vorderseite ist ein Schema angebracht, aus welchem die Art des Zeitzeichen ersichtlich ist.

Die Schaltung der Abstimmkreise geht aus Fig. 7 hervor. Der Empfänger besteht aus 3 Schwingungskreisen. — Der Antennenkreis

Fig. 5. Zeitzeichenempfänger von Telefunken

wird gebildet durch die Antennenverlängerungsspulen L 1 und L 2, sowie durch den Luftdraht und die Erde. Die Spule L 1 ist in 3 Unterstufen a, b und c unterteilt. Die Verbindung der Antenne mit diesen Unterstufen richtet sich nach der Größe der Antenne, deren Kapazität 350—800 cm und deren Eigenschwingung 200—400 m betragen kann. Parallel zu den Antennenverlängerungsspulen liegt ein Kontakt E. K. welcher den Empfänger bei angehängtem Hörer an Erde legt, so daß Beschädigungen durch atmosphärische Störungen bei Nichtempfang ausgeschlossen sind. — Der Zwischenkreis hat den Zweck, eine größere Sicherheit gegen fremde Funkstellen, die den Empfang des Zeitzeichens beeinträchtigen oder ganz unmöglich machen könnte, zu schaffen. Ferner verhindert er den Empfang einer anderen als der für den Zeitzeichenempfang vorgesehenen Welle. Er besteht aus Zwischenkreis-Spule L 3 und dem Kondensator C. — Der Detektorkreis wird durch einen Teil der Spule L 3, den Kontakt C 1, den Hörer T und dem Detektor D gebildet.

U. U. wird der Empfänger noch mit einem Empfangsprüfer ausgerüstet. Mit diesem Hilfsapparat kann ohne weiteres die Antenne

Fig. 6. Zeitzeichenempfänger von Telefunken, geöffnet.

oder Erdleitung erregt werden, so daß man jeder Zeit in der Lage ist, sich von dem betriebsfähigen Zustand der Empfangsanlage zu überzeugen. Ferner läßt sich der Detektor, falls er in der Empfindlichkeit nachgelassen hat, mit Hilfe dieses Apparates leicht wieder auf die alte Empfindlichkeit einstellen. Er besteht im wesentlichen aus einem auf die Zeitzeichenwelle abgestimmten Zwischenkreis, der sich in einem kleinen Holzkästchen befindet; der in diesem Gehäuse befindliche Prüfsummer stößt diesen Schwingungskreis an, dessen Schwingungen mittels einer kleinen Kopplungsspule auf den Antennenkreis übertragen werden.

Nachdem die Anlage hergestellt ist, wird der Empfänger auf die Zeitzeichenwelle abgestimmt. Ist die Antenne sehr groß, so sind von der Spule L 1 nur wenige Windungen einzuschalten; der Anschluß A 1 ist also mit a zu verbinden. Bei kleineren Antennen wird A 1 mit b oder c verbunden. Die Spule L 3, welche drehbar in der Spule L 2 angeordnet ist, wird zunächst so eingestellt, daß sich der an dem Drehknopf der Spule befestigte Zeiger in der Mitte der beiden Anschlagstifte befindet. Dann verschiebt man den Kontakt K solange, bis die größte Empfangslautstärke erreicht ist. Ist dies mit dem jeweiligen Anschluß von A 1 nicht zu erreichen, so ist eine andere Abstufung

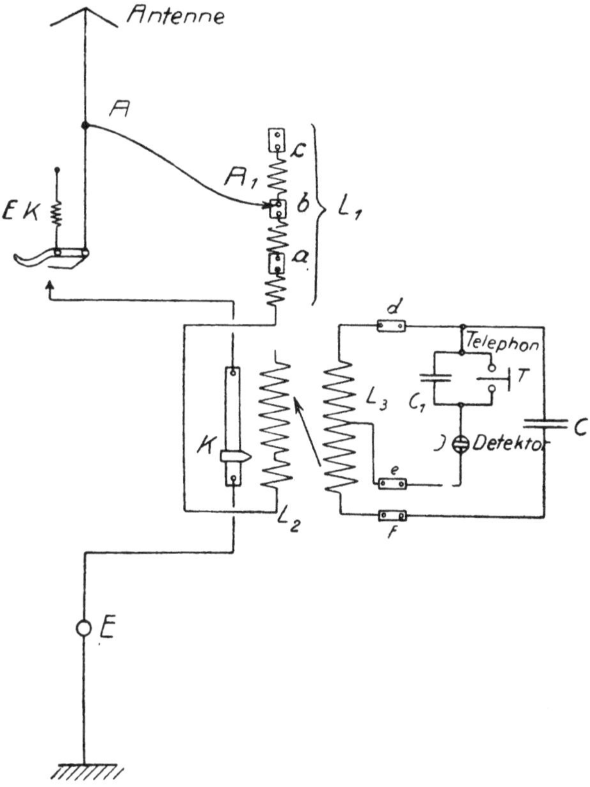

Fig. 7. Schaltschema des Telefunkenempfängers.

der Spule L 1 zu wählen. Hat man so die größte Lautstärke erzielt, so kann man diese durch Drehen der Spule L 3 noch verbessern. Ist der Empfänger auf diese Weise genau abgestimmt, dann wird die Spule L 3 von der Spule L 2 soweit abgedreht, daß das Zeitzeichen mit gerade ausreichender Lautstärke empfangen werden kann. Nach beendeter Abstimmung wird die Spitze des Schiebers K mit den Spulenwindungen verlötet. Die Verbindung des Detektors D mit der Spule L 3 ist auf Grund von Versuchen an der günstigsten Stelle vorgenommen und festgelegt. Bei der Abnahme wird der Empfängerkasten von der Reichs-Telegraphenverwaltung verschlossen und plombiert.

Fig. 8 zeigt uns das grundsätzliche Schaltschema einer von Telefunken gebauten Zeitzeichenempfangsanlage mit einem selbstregistrierenden Chronographenschreiber, der bei der Seewarte Hamburg schon seit längerer Zeit befriedigend arbeitet.

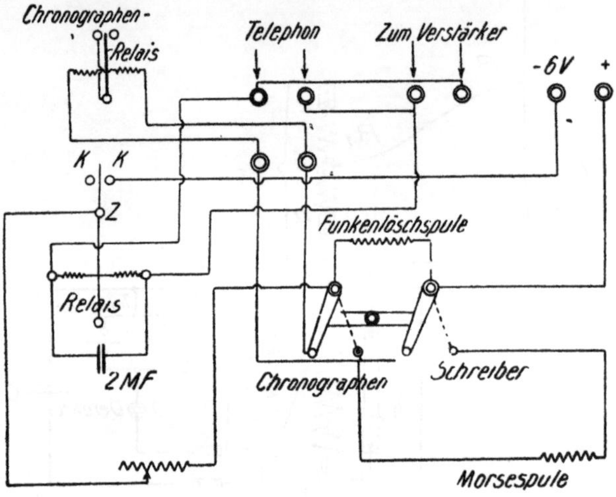

Fig. 8.

Die Anlage hat den Zweck, die mit Hilfe eines Chronographen festgelegten Sekundenangaben einer Uhr mit den funktelegraphisch aufgenommenen Zeichen zu vergleichen und dadurch die Abweichung der Uhr von der richtigen Zeit zu bestimmen.

Zu der Anlage gehören folgende Apparate:

1. ein Detektor-Empfänger zur Aufnahme des funktelegraphischen Zeitzeichens,
2. ein Zweifach-Niederfrequenzverstärker zur Verstärkung dieser Zeichen,
3. ein als Gleichrichter geschalteter zweifach Niederfrequenzverstärker,
4. ein Zwischentransformator,
5. ein Vorrelais,
6. ein Hauptrelais,
7. ein Chronograph, ähnlich dem Morseschreiber,
8. Batterien für Verstärker, Gleichrichter und Morseschreiber.

Die von dem Detektor-Empfänger aufgenommenen Impulse des Zeitzeichens werden durch den Zweifach-Niederfrequenzverstärker verstärkt und dem Gleichrichter über einen Zwischentransformator zugeführt. Dieser gleichgerichtete Strom betätigt das Vorrelais, welches einen stärkeren Strom einschaltet und dem Morseschreiber zuführt. Der Morseschreiber registriert also die Impulse des Zeitzeichens auf dem Papierstreifen. Gleichzeitig mit dem Morseschreiber betätigt ein Uhrkontakt einen Schreibhebel in bestimmter Zeitfolge. Diese Zeichen werden ebenfalls auf dem Morsestreifen registriert. Durch Vergleichung der Unterschiede ist es nun möglich, Stand und Gang der Uhr zu kontrollieren.

Bisher wurden die Zeitzeichen allgemein nur mit dem Gehör aufgenommen. Obwohl man damit bei Verwendung einer auf den Chronographen geschalteten Handtaste eine recht große Genauigkeit erzielen kann, erscheint doch eine vollkommen selbsttätige Aufnahme der funktelegraphischen Zeitzeichen erwünscht.

In den letzten Jahren hat der Verwendungsbereich der funktelegraphischen Zeitzeichen in einem aller Erwartungen übertreffenden Masse zugenommen. Die Zeitzeichen der Großfunkstelle Nauen stehen betreffs ihrer Genauigkeit hinter den besten ausländischen Zeitzeichen nicht zurück, und auch die Betriebssicherheit der Auslösung ist jetzt vollkommen befriedigend.

Wenngleich aber die jetzigen Zeitzeichen von Nauen für alle Zwecke, insbesondere für die Schiffahrt, vollkommen genügen, so genügt das System jedoch nicht den erweiterten Ansprüchen, die von einigen Berufsgruppen an den Funkzeitdienst gestellt werden. Bei sehr genauen Bestimmungen von geographischen Längenunterschieden, die z. B. bei Landesvermessungen erforderlich sind, genügen die jetzigen Zeitzeichen nur dann allen Anforderungen der Wissenschaft, wenn die Zeitzeichen mit Hilfe von Empfangsverstärkern, hochempfindlichen Relais usw. automatisch aufgeschrieben werden können und wenn besondere elektrische Einrichtungen für die Uhrvergleichungen vorhanden sind. Einrichtungen dieser Art stehen aber nicht überall zur Verfügung, sie können auch nicht in allen Fällen, z. B. nicht immer auf Expeditionen, angewandt werden. Ohne Verwendung elektrischer Vorrichtungen läßt sich eine sehr genaue Zeitvergleichung aber nur erreichen durch Anwendung von Koinzidenzsignalen. Diese sogenannten „wissenschaftlichen Signale" bestehen aus Punkten, die mehrere Minuten lang entweder im Sekundentempo oder etwas schneller abgegeben werden. Die Augenblicke des Zusammenschlagens der Signalpunkte mit den Schlägen einer Uhr werden beobachtet. Diese Methode soll eine Genauigkeit von wenigen Tausendstelsekunden ermöglichen.

Auch den Uhrmachern, in deren Kreisen das Interesse an dem Funkzeichendienst dauernd wächst, stehen elektrische Einrichtungen für die Signalaufnahme fast in keinem Falle zur Verfügung. Die Genauigkeit, die sich durch die Aufnahme der Onogo-Signale mit Telephon und Ohr erreichen läßt, genügt aber nicht unter allen Umständen allen Zwecken der Uhrmacherkunst. Die Regulierung und Prüfung von Präzisions-Pendeluhren und Chronometern läßt sich in um so kürzerer Zeit durchführen, je genauer die einzelnen Zeitbestimmungen sind. Es ist daher verständlich, daß die Deutsche Seewarte aus Uhrmacherkreisen dringend aufgefordert wurde, die Einführung von deutschen Koinzidenzsignalen in die Wege zu leiten. Die Punktsignale des Pariser Eiffelturmes werden von französischen und Schweizer Uhrmachern sehr viel benutzt.

Bei den Längenbestimmungen, die in Deutschland für geodätische und astronomische Zwecke durch das Geodätische Institut zu Potsdam und durch manche Sternwarten ausgeführt werden und bei denen früher stets Telegraphenleitungen benutzt wurden, sollen in Zukunft drahtlose Zeitzeichen zugrunde gelegt werden. Die Einrichtung von deutschen Koinzidenzsignalen ist für diese Zwecke von großem Wert. Es sei auch erwähnt, daß im vorigen Jahre bei der Vermessung der russisch-finnischen Grenze die sehr zahlreichen Längenbestimmungen durch Verbindung der Nauener Zeitzeichen mit den Koinzidenzsignalen von Moskau ausgeführt worden sind. Neuerdings werden unter Verwendung von Funkstellen mit sehr großer Reichweite mit Hilfe von Funkzeichen die Längenunterschiede zwischen Orten der verschiedenen Erdteile bestimmt. An dieser Arbeit waren bisher nur Frankreich, Canada, die Vereinigten Staaten und Australien beteiligt. Weitere Arbeiten auf dem Gebiete der Erdvermessung werden folgen. Es ist sehr wichtig, daß Deutschland an internationalen Arbeiten solcher Art Anteil hat; hierzu ist erforderlich, daß auch die Großfunkstelle Nauen Punktsignale aussendet.

Die Wichtigkeit der Punktsignale wird am besten beleuchtet durch die große Zahl der Funkstellen, die solche Zeichen abgeben. In Frankreich[1]) werden Koinzidenzsignale gefunkt von den Stationen

1) Die Zeitschrift L'onde Electrique, Paris enthält in Heft 3, März 1922, ausführliche Angaben über die für wissenschaftliche und meteorologische Zwecke von den französischen Funkstellen Eiffelturm, Lyon, Croix d'Hins und Nantes ausgesandten funktelegraphischen Zeitzeichen.

Eiffelturm, Lyon, Bordeaux und Nantes; in den Vereinigten Staaten arbeiten sogar 10 Stationen nach dem Punktsystem; in Amerika treten dazu noch 1 canadische Station, 3 mittelamerikanische Funkstellen und 1 Station in Chile. — Es sei noch bemerkt, daß der Pariser Eiffelturm täglich 5 mal Zeitzeichen sendet, nämlich 2 mal Koinzidenzsignale von je 5 Minuten Dauer, 1 mal Onogo-Signale und 2 mal Signale „alten Stils". Dazu treten noch die Zeitfunksprüche, die eine halbe Stunde nach jedem Punktsignal gegeben werden und sich auf die Abgabezeit beziehen.

Die Frage der Abgabe von Punktzeichen durch die Großfunkstelle Nauen hängt in erster Linie von der Kostenregelung ab; die Mehrkosten sind nicht unerheblich. Die Herstellung eines geeigneten Signalgebers, der auf der Großfunkstelle aufgestellt werden soll, ist in die Wege geleitet. Der Punktsignalgeber wird in Tätigkeit gesetzt werden durch den gleichen Stromstoß, durch den nach Beendigung der Onogo-Signale die für diese verwandten Signalgeber sich automatisch arretieren (1 h 0 m 15 s). Auf diese Weise wird eine merkliche Belastung des Personals der Großfunkstelle und der Seewarte durch die neuen Signale, die mit gleichen Wellen (3100 und 12600 m) gegeben werden, vermieden, und außerdem bei dieser Form der Auslösung, die keinerlei technische Schwierigkeiten bereitet, das Nachfunken der Abgabezeit des ersten und des letzten Punktes, das bei den Zeichen der französischen Funkstellen erfolgt, unterbleiben können, da der Anfang und das Ende der deutschen Zeichen stets auf die gleichen Zeitmomente fallen würde. In diesem Umstand ist eine bedeutende Vereinfachung des französischen Systems zu erblicken. Die Punktsignale sollen unmittelbar im Anschluß an die Onogo-Signale, deren Abgabe um 1 h 0 m beendet ist, gegeben werden, also etwa von 1 h 1 m bis 1 h 6 m nachmittags und nachts. Auf diese Weise würden die Sender nur 2 mal 6 Minuten am Tage länger als bisher in Anspruch genommen.

Die bisher von verschiedenen Seiten unternommenen Versuche zwecks automatischer Niederschrift von Zeitzeichen wurden meistens dadurch beeinträchtigt, daß die genaue Bestimmung der zeitlichen Verzögerung, die durch die Relaisübertragung vom Empfangsapparat zum Chronographen entsteht, nicht in einwandfreier Weise durchgeführt werden konnte. Bei den von Mahnkopf[1]) und Wanach angestellten

1) Vgl. hier die interessante Arbeit von Dr. H. Mahnkopf: Die Auslösung der funkentelegraphischen Nauener Zeitsignale durch die Deutsche Seewarte. In dem „Archiv der Deutschen Seewarte", 39. Jahrg. 1921. S. 35 ff.

Versuchen wurde festgestellt, daß die auf dem gewöhnlichem Wege abgeleitete Reaktionszeit des Relais zu klein ist. „Es ist eben nicht zulässig, einen kontinuierlichen Strom, wie eine Batterie ihn liefert, in seiner Wirkung auf das Relais den vom funktelegraphischen Empfangsapparat kommenden Strom von derselben mittleren Intensität gleichzusetzen. Mit der richtigen Bestimmung der Relaisverzögerung steht und fällt aber die Brauchbarkeit jeder Methode der Selbstregistrierung von Signalzeichen."

Mahnkopf hat eine einwandfreie Methode ausgearbeitet, die, wie er am a. O. berichtet, die Bestimmung der Relaisverzögerung in strenger Form und trotzdem sehr einfach mit Hilfe der funktelegraphischen Zeitzeichen durchzuführen gestattet. Bei der von Mahnkopf angegebenen Schaltanordnung wird bei der automatischen Festlegung eines Onogo-Signals eine Genauigkeit von einigen Tausendstel Sekunden erzielt.

Eine Genauigkeit von mindestens ein Hundertstel Sekunde kann bei der erforderlichen elektrischen Empfindlichkeit nur eine Registriervorrichtung erfüllen, deren vom Strome bewegter Mechanismus äußerst geringe Trägheit besitzt. Eine Verschleierung der Einsetzzeiten des von der Kontrolluhr ausgelösten Stromstoßes und der Zeitangabe des Zeichens läßt sich nur dann vermeiden und der Uhrstand genau genug festlegen, wenn in dem Diagramm einerseits Anfang und Ende jedes funktelegraphischen Zeichens äußerst genau abzulesen ist und andrerseits die Dauer des Kontrollstromes nur einen geringen Bruchteil der Zeitdauer des kürzesten Zeichens (Punktes) beträgt. Aus diesem Grunde dürfte sich bei Benutzung eines aperiodischen Spiegelgalvanometers oder Drehspulengalvanometers zur Registrierung kein sehr hoher Grad von Genauigkeit erzielen lassen; der bewegliche Stromträger des Spiegelgalvanometers besitzt eben verhältnismäßig hohe Trägheit und hohe magnetische Dämpfung. Auch beim Drehschleifengalvanometer (Oszillographen) besitzt die Drehschleife erhebliche Trägheit: Aperiodizität wird durch Erhöhung der Reibungsdämpfung, z. B. Öldämpfung, erreicht, was dieselben Erscheinungen wie beim Drehspulengalvanometer zur Folge hat.

Brauchbare Ergebnisse und hohe Genauigkeit hat die G. m. b. H. Dr. Erich F. Huth (Berlin) bei Benutzung eines aperiodischen Saitengalvanometers erzielt. Aus den in Fig. 9 ersichtlichen Eichungskurven eines Saitengalvanometers (*A*) und eines Drehschleifengalvanometers (*B*) ersieht man, daß bei spezifisch gleicher Reaktionsgeschwindigkeit (Parallelität des Anstieges der Kurven) das Saitengalvanometer aperiodisch, das Drehschleifengalvanometer oszillatorisch in die stationäre Lage übergeht. Die von Huth benutzte Versuchsanordnung zur Selbstaufzeichnung des Zeitzeichens (aperiodisches Saitengalvanometer mit photographischer Registrierung) ist in Fig. 10 dargestellt. In dieser Versuchsanordnung ist 1 ein Empfangsapparat, 2 ein Saitengalvanometer, 3 ein Apparat zur photographischen Registrierung der Ausschläge des Saitengalvanometers und 4 ein Sekundenpendel.

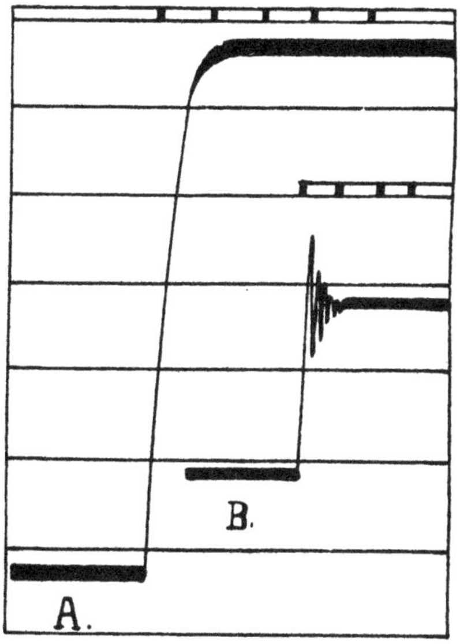

Fig. 9.

Die eintreffenden Zeichen veranlassen den Ausschlag des Fadens des Saitengalvanometers; die Größe des Ausschlages wird durch Regulierung der Kopplung im Empfangsapparat eingestellt. In der Zuleitung des Fadens liegt die Primärspule eines Eisentransformators von besonderer Wicklung und Konstruktion, während die Sekundärspule über ein Element und einen Regulierwiderstand von dem Pendel bzw. einem gegenüberliegenden Kontakt, über den das Pendel in seiner tiefsten Lage hinwegstreicht, eingeschlossen ist. Jedesmal beim Darüberhinwegstreichen wird der Stromkreis des Elementes einmal geschlossen und geöffnet, und so durch den Faden des Saitengalvanometers und die Übertragung des Transformators ein Stromstoß, beim Schließen in der einen, beim Öffnen in der andern Richtung, gesandt. Die Saite macht also in jeder Sekunde einen doppelten Ausschlag nach oben und unten, der sich dem durch den Detektorempfangsstrom hervorgebrachten Ausschlag überlagert, und eine genaue Zeitkontrolle gestattet. Es kommt also die Aufnahme der Fig. 11 zustande.

Das Saitengalvanometer ist, um es leicht transportfähig zu machen, so gebaut, daß es relativ wenig Eisen und dabei eine möglichst hohe Empfindlichkeit besitzt. Dies gelang dadurch, daß nach einem Vorschlage von Prof. F. F. Martens in Berlin das Magnetfeld des Gal-

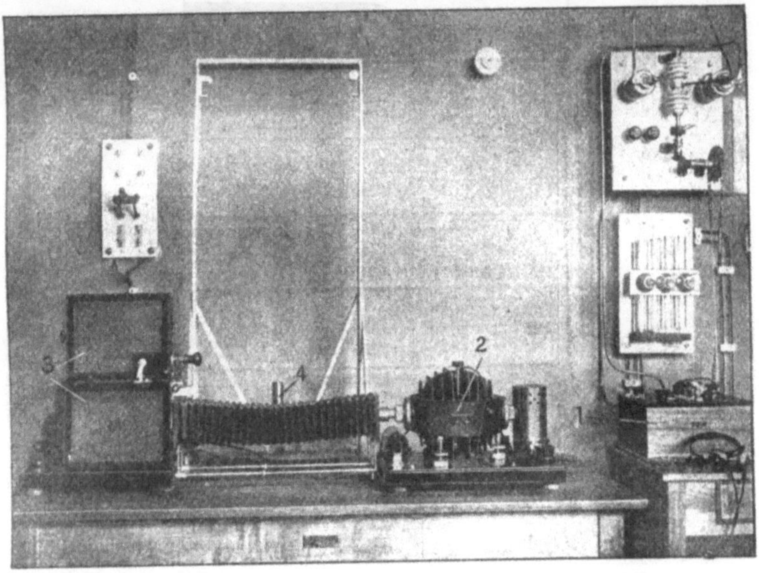

Fig. 10. Versuchsanordnung von Huth zur Selbstaufzeichnung des Zeitzeichens.

vanometers ringförmig ausgebildet wurde. Die Polschuhe, zwischen welchen sich die Saite befindet, sind auf einem Durchmesser dieses Ringes angeordnet. Infolgedessen befindet sich die Saite im Schwerpunkt des Instrumentes, wodurch sich der Vorteil ergibt, daß das Galvanometer viel weniger gegen Bodenerschütterungen empfindlich ist als alle anderen Instrumente von gleichen Grundsätzen. Man kann daher das Instrument ohne irgendwelche besonderen Vorsichtsmaßregeln, zur Abschwächung der Erschütterungen des Bodens, auf jeden beliebigen Tisch stellen und so ohne weiteres benutzen. Fig. 12 zeigt das Magnetsystem des Galvanometers ohne Feldspulen. Die Feldspulen sind unterteilt und auf einem mit Rippen versehenen Spulenkörper aus Metall gewickelt. Infolgedessen sind die Spulen gut gekühlt und man kann, ohne daß eine lästige Erwärmung eintritt, mit höheren Stromstärken arbeiten, wie mit den gewöhnlichen, aus einer Wickelung

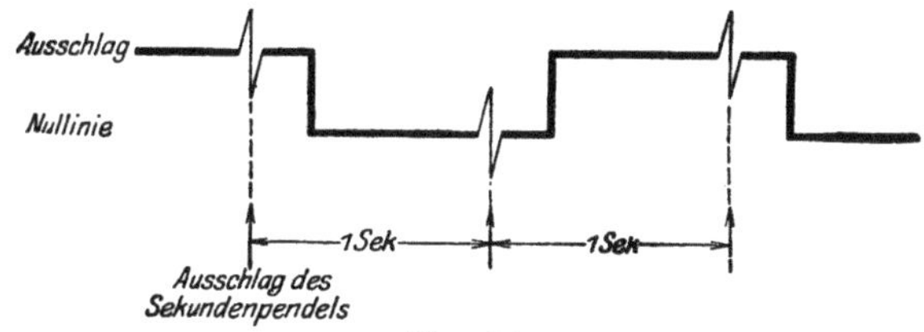

Fig. 11.

bestehenden Spulen. Fig. 13 zeigt das Galvanometer. Der Saitenhalter besteht aus einem Rahmen, zwischen dem die 100 mm lange Saite gespannt ist. Am Kopfe des Rahmens befindet sich eine Schraube, welche zur Regulierung der Fadenspannung dient, um das Instrument jedesmal auf die gewollte Empfindlichkeit zu eichen. Anschläge ver-

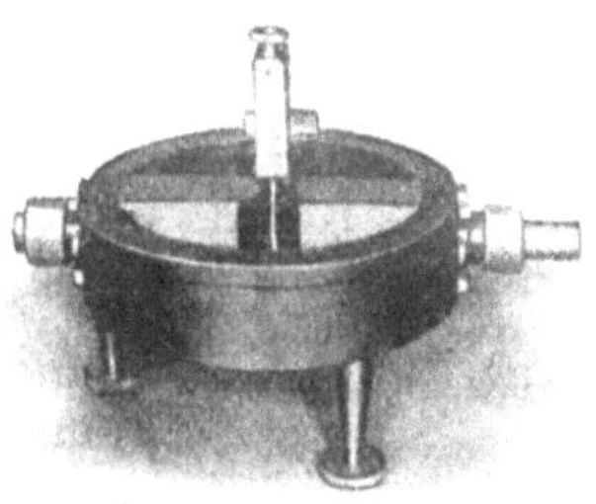

Fig. 12. Magnetsystem des Galvanometers.

Fig. 13. Galvanometer.

hindern, daß der Faden zu stark gespannt bzw. zu stark entspannt werden kann.

Über Einzelheiten dieser Galvanometeranordnung sei auf meinen Aufsatz „Selbstaufzeichnung des Zeitsignals“ [1]) verwiesen.

Das Instrument [2]) ist außerordentlich empfindlich. Man erreicht bereits mit einem Platinfaden von 90 mm Länge und 6000 Ohm

1) „Die Naturwissenschaften“, Heft 6 v. 6. 2. 1914.

2) In der „Antenne“, Heft 2, 1913, sind Teile der mit der beschriebenen Versuchsanordnung aufgenommenen Diagramme eines Norddeicher und Pariser Zeitzeichens wiedergegeben.

Widerstand eine Empfindlichkeit von $2 \cdot 10^{-11}$ Amp. für 0,1 mm Ausschlag bei einer 500fachen Vergrößerung. Dabei beträgt die Dauer des Ausschlages 0,2 Sekunden. Nach den Angaben Einthovens wird die gleiche Empfindlichkeit bei seinem Instrument bei 660facher Vergrößerung mit einem 140 mm langen Quarzfaden von 10 000 Ohm Widerstand und bei solcher Entspannung erreicht, daß der Ausschlag 1,5 Sekunden dauert.

Fig. 14.

Auf die modernste Art der Zeitzeichenniederschrift mit Hilfe des Steinschreibers[1]) von Dr. E. F. Huth sei im nachfolgenden noch kurz eingegangen. Fig. 14 zeigt einen solchen Schreiber von vorn, der in der Lage ist, bis zu 2000 Buchstaben in der Minute zu schreiben — die Trägheitslosigkeit des Systems befähigt den Schreibstift, sich bei dieser Geschwindigkeit etwa 180 mal in der Sekunde hin und her zu bewegen —, der aber natürlich auch ohne weiteres langsame Zeichen niederschreiben kann. Der hinter der Vorderwand befindliche, automatisch gesäuberte Achatzylinder wird unter Zwischenschaltung von Übersetzungsrädern durch einen Motor in Umdrehung versetzt. Auf dem Zylinder ruht ein Metallband aus Nickelstahl, das durch eine Feder auf der einen Seite festgehalten wird und auf der anderen Seite

1) Rottgardt, Elektrische Anziehung nach Johnsen-Rahbek und ihre Anwendung. In „Zeitschrift für technische Physik", Nr. 11, 1921. Vergl. ferner „Verbands-Mitteilungen der Vereinigung Dresdener Bezirksvereine Deutscher Ingenieure und Dresdener Elektrotechnischer Verein". Nr. 8, 1922, S. 56ff.

mit einem Winkelhebel verbunden ist, der sich um einen Drehpunkt drehen kann und an seinem unteren Ende einen Schreibstift trägt, der auf dem Morsepapierstreifen aufliegt. In dem Augenblick, wo eine Spannung, also ein Morsezeichen eintrifft, erfolgt eine Anziehung zwischen dem Achatzylinder und dem Metallband, so daß dieses Stückchen von dem rotierenden Zylinder mitgenommen wird und hierdurch den Winkelhebel dreht, wodurch der Schreibstift in Tätigkeit gesetzt wird und auf dem Papier einen längeren oder kürzeren Strich hervorruft. Auf der Vorderseite der Fig. 14 sieht man die Papierrolle, deren Papier über verschiedene Röllchen unter der Schreibröhre 1 entlang geführt ist. Diese ist ein sehr leichtes Metallrohr, das in einem der beiden Gefäße 2 oder 3 mündet, von denen das eine Tinte, das andere Wasser enthält. Während des Betriebes befindet sich das Tintengefäß unter der Schreibröhre, das mit dem Wassergefäß durch Drehen um die Achse 5 bei Betriebsende vertauscht wird; mit Hilfe einer kleinen Druckpumpe, deren Griff bei 4 sichtbar ist, wird ein wenig Wasser durch die Röhre gepreßt, wodurch ein Verstopfen des Schreibröhrchens vermieden wird. Durch den Hebel 6 wird die Umdrehungszahl des Antriebsmotors und damit die Umdrehungszahl des Achatzylinders, die Papiergeschwindigkeit, die Hubbegrenzung des Schreibhebels und die Hubbegrenzung des Kontaktrelais 7 gleichzeitig geregelt. Das Relais 7 wird je nach der Schreibgeschwindigkeit mit Hilfe des Hebels 8 eingestellt.

Wegen seiner hohen Empfindlichkeit dürfte der Apparat auch besonders für drahtlose Telegraphierzwecke Bedeutung haben. Das Schaltbild in Fig. 15 zeigt uns die Schaltanordnung für die Aufnahme funktelegraphischer Zeitzeichen. Die Antenne wird mit Hilfe des Abstimmkondensators auf die zu empfangende Stelle abgestimmt. Der Detektorkreis ist mit der Antenne gekoppelt; die Wellen werden durch den Detektor umgeformt, so daß sie normal an der Stelle, wo der Transformator gezeichnet ist, mit Hilfe eines Telephons gehört werden können. In diesem Falle übermittelt der Transformator die drahtlosen Zeichen einer Spannungsverstärkerlampe; seine Sekundärwicklung ist einerseits an das Gitter, anderseits an die Kathode der Verstärkerlampe angeschlossen. Der Glühfaden wird von einer Heizbatterie über einem Widerstand geheizt; der Anode wird über einen sehr hohen Widerstand von dem Pontiometer, an das die Anodenbatterie angeschlossen ist, Spannung zugeführt. Die Spannungsverstärkerlampe stellt einen bestimmten Widerstand dar, so daß wie Rottgardt (a. a. O.) ausführt, an dem Ende des hohen Widerstandes, das mit dem aufliegenden

Metallband des Steinschreibers verbunden ist, eine bestimmte Spannung vorhanden ist, die jedoch so eingestellt ist, daß bei Rotation der Steinwalze das Metallband noch nicht mitgenommen wird. Tritt jetzt eine Veränderung des Widerstandes der Spannungsverstärkerlampe ein, indem durch das von der Antenne herkommende Zeitzeichen eine positive Aufladung des Gitters erfolgt und sich so der Widerstand der Lampe verringert, so steigt die Spannung an dem Ende des hohen Widerstandes und damit auch die Spannung an dem Metallband des Steinschreibers.

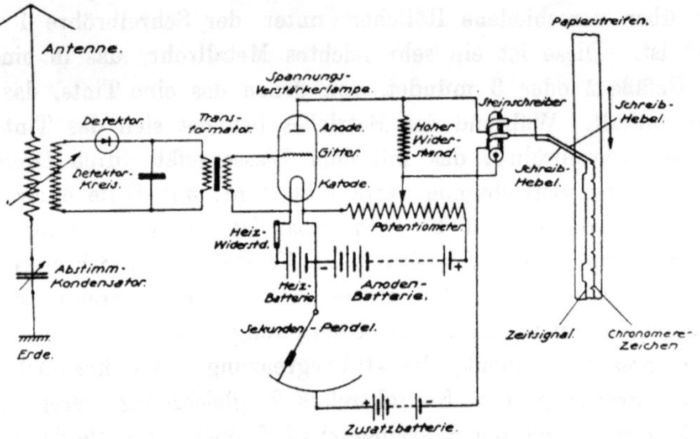

Fig. 15.

Die Anziehung findet statt, das Metallband wird mitgenommen, und auf dem Papierstreifen wird das Zeichen festgelegt. Auf der Steinwalze liegt noch ein zweites Metallband auf, das über einer Zusatzbatterie mit einem Uhrkontakt, z. B. einem Sekundenpendel, verbunden ist, das regelmäßig alle Sekunden Kontakt macht und dadurch Spannung an das zweite Metallband anlegt. Ein mit diesem verbundener Schreibstift wird so jedesmal im Augenblick des Kontaktes durch einen zweiten Schreibhebel auf dem gleichen Papierstreifen eine Marke registrieren, so daß auf dem Papier gleichzeitig Zeitzeichen und Chronometerzeichen aufgezeichnet und so leicht Fehler des Chronometers bzw. des Zeitzeichens festgestellt werden können.

Es ist nicht zu bezweifeln, daß die vorstehend dargestellten und ähnliche Anordnungen für wissenschaftliche Zeitzeichen gute Dienste leisten werden. Wenngleich somit die Fragen, die die mechanische Aufnahme von Funkzeichen betreffen, als gelöst zu betrachten sind, so wird doch wohl vorläufig eine Verwendung solcher automatischer

Welt-F.-T.-Zeitzeichen.

Sendestelle mit Rufzeichen	Länge von Greenwich			Nördliche Breite			Wellenlänge in Metern und Art des Systems g = gedämpft us = ungedämpft	Mittlere Greenw. Zeit			Bemerkungen
	h	m	s	0	m	s		h	m	s	
Europa											
Eiffelturm (fl)	2	17	43	48	51	30	2600 g	21	25	0	Zeitzeich. nach dem Kennwort „Onogo".
								10	43	0	Zeitzeichen nach dem alten Zeichensystem.
								22	43	0	
								10	0	0	Wissenschaftliches Zeitzeichen.
								22	0	0	
Lyon (yn)	4	47	0	45	41	0	15 500 us	9	0	0	Zeitzeichen nach dem alten Eiffelturm-Zeichensystem.
								8	0	0	Koinzidenzzeichen
Nauen (poz)	12	54	33,3	52	39	06	3100 g 12 600 us	0	0	0	Zeitzeich. nach dem Kennwort „Onogo".
								12	0	0	
Canada											
Halifax (Camperdown) (vcs)	63	32	40 W	44	31	10	600 g	14	0	0	Zeitzeich. wird nach intercol.-stand.-time von d. Sternwarte in St. John gegeben (außer Sonntags u. bei stürm. Wetter).
Vereinigte Staaten											
Washington (Marinefunkstelle Arlington) (naa)	77	4	47 W	38	52	5	2650 g	3	0	0	Zeitzeichen nach Eastern Standard-time.
								17	0	0	
											Wenn die Funkstelle Washington nicht betriebsfähig ist, werden täglich (außer Sonn- und Feiertags) mittags von Boston, Newport, Norfolk und Charleston Zeichen gegeben.
Annapolis (nss)	76	27	0 W	38	59	0	17 145 us	3	0	0	wie Washington.
								17	0	0	

Welt-F.-T.-Zeitzeichen. (Fortsetzung.)

Sendestelle mit Rufzeichen	Länge von Greenwich h	m	s	Nördliche Breite 0	m	s	Wellenlänge in Metern und Art des Systems g = gedämpft us = ungedämpft	Mittlere Greenw. Zeit h	m	s	Bemerkungen
Key West (nar)	81	48	21 W	24	33	22	1988 g	3 17	0 0	0 0	Wie Washington.
New Orleans (nat)	90	2	18 W	29	56	50	1832 g	17	0	0	„
North Head (npe)	124	4	31 W	46	17	56	2700 g	6	0	0	„
Eureka (npw)	124	16	10 W	40	41	22	2650 g	6	0	0	„
Mare Island Cal.	122	15	56 W	38	5	3	2400 g	8 18	0 0	0 0	
Point Arguello Cal. (npk)	120	38	48 W	34	34	35	1512 g	8	0	0	„ „
San Diego Cal. (npl)	117	14	49 W	32	42	26	9800 us 1908 g	20	0	0	„ „
Great Lakes (naj)	87	50	0 W	42	18	30	1988 g	17	0	0	„ „ (Sonn- und Feiertags kein Zeichen.)
San Francisco (npg)	122	22	52 W	37	39	18	4650 us 1908 g	6 20	0 0	0 0	„ „
Mexiko											
Veracruz (xaa)	96	7	17 W	19	10	50	900 g	6	36	46,7	Die gesetzliche Zeit in Mexiko ist die mittlere Zeit des Meridians 6 h 36 m 46,7 s westl. Greenwich (Tacubaya); um 0 h 0 m Abgabe des Wortes non.
Campêche (xab)	90	34	36 W	19	51	40	900 g	6	36	46,7	Wie Veracruz.
Payo Obispo (xac)	88	25	0 W	18	33	0	900 g	6	36	46,7	„ „

Welt-F.-T.-Zeitzeichen. (Fortsetzung.)

Sendestelle mit Rufzeichen	Länge von Greenwich h	m	s	Nördliche Breite 0	m	s	Wellenlänge in Metern und Art des Systems g = gedämpft us = ungedämpft	Mittlere Greenw. Zeit h	m	s	Bemerkungen
Panamakanal Zone											
Balboa (nba)	79	33	20 W	8	56	30	10110 us	10 18	0 0	0 0	Zeichen werden täglich nach d. Normaluhr in Darien in gleicher Weise wie durch Washington gegeben.
Colon (Aspinwall) (nax)	79	54	1 W	9	21	56	1620 g	10 18	0 0	0 0	
Darien (nba)	79	46	20 W	9	7	15	10110 us	6 22	0 0	0 0	
Brasilien											
Rio de Janeiro (soh)	43	13	0 W	22	48	0	1800 g	0 14	0 0	0 0	Zeitzeich. nach dem Kennwort „Onogo“
Argentinien				südliche Breite							
Buenos Aires (lih)	58	22	7 W	34	35	40	1000 g	2	0	0	Zeichen endet um 14 h 0 m 0 s in einem Punkt und wird außer Sonn- und Feiertags gegeben
				südliche Breite							
Observatorio-Insel Neujahr-Ins. (Staat.-Ins.)	64	7	30 W	54	39	0	—	13	50	0	
Chile				südliche Breite							
Valparaiso (cce)	71	38	6 W	33	1	6	1000 g	1	0	0	Zeitzeich. ähnlich wie durch Washington außer Sonnabends, Sonn- und Feiertags. Um 13 h 0 m 0 s wird als Beendigungszeichen ein Punkt gegeb.
Nordamerikan. Besitzung											
Cavite (npo)	120	54	43 O	14	29	1	2700 g 5200 us	3 14	0 0	0 0	Sonntags kein Zeichen } wie Washington.
Perl Harbour (npm)	157	51	56 O	21	18	23	11500 us 2250 g	0	0	0	wie Washington.

Welt-F.-T.-Zeitzeichen. (Fortsetzung.)

Sendestelle mit Rufzeichen	Länge von Greenwich h	m	s	Nördliche Breite 0	m	s	Wellenlänge in Metern und Art des Systems g = gedämpft us = ungedämpft	Mittlere Greenw. Zeit h	m	s	Bemerkungen
China											
Shanghai (ffz.)	121	25	45 O	31	11	33	600 g	2 8	59 59	0 0	
Hongkong (bxy)	114	8	43 O	22	19	21	2000 g	2 13	0 0	0 0	
Japan											
Thoschiko (jcs)	140	51	12 O	35	44	8	600 g	12	0	0	Zeichen von der Sternwarte in Tokio gegeben (außer Sonntags).
Funabashi (jjc)	139	59	0 O	35	42	0	4000 g	12	0	0	
Ostindien											
Calcutta (Fort William) (vwc)	88	20	14 O	22	33	34	2000 g	1 13	30 30	0 0	Zeichen werden vom Alipove-Observat. nach dem Kennwort „Onogo“ gegeb.
Sunda-Inseln				südliche Breite							
Batavia (pkb)	106	51	54 O	6	12	12	600 g	1	0	0	Zeichen endet um 13 h 4 m 0 s in einem Punkt und wird außer Sonn- und Feiertags gegeben.
				südliche Breite							
Soerabaja (pkh)	112	44	21 O	7	12	55	600 g	2	10	0	Zeichen endet um 14 h 14 m 0 s in einem Punkt und wird außer Sonn- und Feiertags gegeben.
Java				südliche Breite							
Malabar (yyg)	107	36	5 O	6	55	5	8000 us	0	57	5	Zeichen wird nach dem Kennwort „Onogo“ gegeben und endet um 1 h 0 m 0 s.
Sarawak											
Kuching (vqf)	110	10	50 O	1	13	19	—	0	39	17	
Französ. Indochina											
Kien-An (fka)	106	37	0 O	20	47	0	600 g	2 2 2	15 17 19	0 0 0	

Welt-F.-T.-Zeitzeichen. (Fortsetzung.)

Sendestelle mit Rufzeichen	Länge von Greenwich h	m	s	Nördliche Breite °	m	s	Wellenlänge in Metern und Art des Systems g = gedämpft us = ungedämpft	Mittlere Greenw. Zeit h	m	s	Bemerkungen
Britisch Südafrika Slankop-Huk (Cape Town) (vnc)	18	19	15.5O	südliche Breite 34	8	45	600 g	21	0	0	Die Zeichen werden durch das gewöhnliche Achtungszeichen eingeleitet und bestehen aus 12 Zeichen von je etwa $^3/_4$ s Dauer.
Portugiesisch Ostafrika Laurenzo Marques (Delagoa-Bay) (crz)	32	35	39O	südliche Breite 25	58	5	600 g	8 19	0 0	0 0	Zeichen wird nach dem Kennwort „Onogo“ gegeben.
Mauritius Porth Louis	57	29	0O	20	10	55	2000 g	9 21	0 0	0 0	Das Zeichen ist jedesmal ein Punkt.
Australien Adelaide (via)	138	31	0	südliche Breite 34	52	39	2600 g	2 14	30 30	0 0	Zeich. werd. selbsttätig durch die Normaluhr der Adelaide-Sternwarte ausgelöst. — Nach dem Kennwort „Onogo“.
Melbourne (vim)	144	58	46O	südliche Breite 37	50	5	600 g	2 14	0 0	0 0	Nach dem Kennwort „Onogo“.
Perth (vip)	115	49	49O	südliche Breite 32	1	50	600 g	3 15	0 0	0 0	Nach dem Kennwort „Onogo“.
Neuseeland Wellington (vlw)	174	45	47O	südliche Breite 41	16	24	600 g	23 9	0 0	0 0	Die Zeichen werden durch die Hektor-Sternwarte zu Wellington bewirkt.
Awanui (vla)	173	18	0O	südliche Breite 34	54	0	2000 g	22	0	0	Die Zeichen werden durch die Hektor-Sternwarte zu Wellington bewirkt.

Vorrichtungen in größerem Maßstabe seitens wissenschaftlicher Institute in vielen Fällen an der Kostenfrage scheitern. Durch Anstellung weiterer Versuche wird anzustreben sein, die für die automatische Registrierung von Zeitzeichen erforderlichen Apparate zu vereinfachen. Indessen gilt es jetzt schon als erwiesen, daß in Zukunft bei der Ausführung genauer Längenbestimmungen die gewöhnliche Drahttelegraphie vollkommen durch die Funktelegraphie ersetzt werden kann.

Von besonderem Interesse dürfte die vorstehende Nachweisung[1]) sein, aus der die Funkstellen, die funktelegraphische Zeitzeichen aussenden, mit den wichtigsten Einzelheiten ersichtlich sind.

1) Nach dem von der Deutschen Seewarte Juni 1922 herausgegebenen Funkwetterschlüssel und dem von der Marineleitung herausgegebenen „Nautischen Funkdienst" (Berlin 1923). — Die Zeitangaben sind astronomisch, d. h. sie zählen von Mitternacht mit 0 h 0 m 0 s beginnend bis 1 Sekunde vor Mitternacht (23 h 59 m 59 s) durch.

Metzger & Wittig, Leipzig. 541

Bei Fragen zur Produktsicherheit wenden Sie sich bitte an:
If you have any questions regarding product safety,
please contact:

Walter de Gruyter GmbH
Genthiner Straße 13
10785 Berlin
productsafety@degruyterbrill.com